엄 마 표

두 뇌 발 달

보 드 게 임

집중력, 창의력, 사고력을 기르는

엄마표
두뇌발달
보드게임

"우리 스마트폰 대신
보드게임할까?"

한발두발놀이터협동조합 지음

예담
friend

자녀와 보드게임을 하는 것은
부모가 자녀와 함께 시간을 보내는 가장 완벽한 방법이다.
동시에 학습능력도 훈련시킬 수 있다.

앨빈 로젠필드
(하버드대 아동심리학 교수)

CONTENTS

PART 1

장난감 대신 보드게임! 쉽고 재미있게 따라해봐요
(4-5세 추천 보드게임)

생쥐 만세 ★ P20

펭글루 ★ P27

서펜티나 ★ P32

스머프 사다리 게임 ★ P36

치킨차차 ★ P43

블링블링 젬스톤 ★ P49

코코너츠 ★ P55

컬러코드 ★ P61

라온 ★ P66

PART 2

두뇌 쏙쏙! 집중력 쑥쑥! 보드게임으로 놀아봐요
(6-7세 추천 보드게임)

쿼클 ★ P74

꼬마 마법사 ★ P84

할리갈리 ★ P90

마법의 미로 ★ P95

다빈치코드 ★ P101

레오 ★ P106

배틀십 ★ P111

블로커스 ★ P117

PART 3

엄마아빠와 함께! 이제부터 나는 보드게임 왕!
(8세 이상 추천 보드게임)

뒤죽박죽 서커스 ★ P126

딕싯 ★ P133

러시아워 ★ P141

로보77 ★ P146

마라케시 ★ P154

만칼라 ★ P160

우봉고 ★ P165

젝스님트 ★ P170

Prologue

아이의 가장 훌륭한 놀이 친구는 부모이고,
가장 완벽한 놀이는 부모와 아이가 함께
보드게임을 하는 것이다.

함께 놀기만 해도,
아이의 사고력과 집중력이 자라난다!
놀면서 똑똑해지는 보드게임의 마법

5년 전 교과와 연계하여 즐거운 놀이 수업을 구상하던 차에 보드게임을 접목시켜보자는 의견이 나왔습니다. 그리고 이를 연구하고 공부하면서 보드게임이 단순한 오락 차원을 넘어 다양한 영역에서 교육적으로 활용되고 있다는 것을 알게 되었습니다.

몇 년 전만 해도 보드게임 수업을 개강하고자 기관에 의뢰하면 "보드게임도 돈을 주고 배우나요?" "그냥 게임하면서 노는 거 아니에요?"라는 질문이 많았는데 여러 매체를 통해 보드게임의 교육적 효과가 입증되면서 이에 대한 인식도 더욱 좋아지고 있습니다.

보드게임이 날이 갈수록 아이들 선물로도 각광을 받으면서 대형마트의 진열 칸에서 차지하는 비중이 점점 더 넓어지고 있습니다. 뿐만 아니라 학교와 여러 교육기관에서 보드게임 수업 의뢰가 날이 갈수록 증가하고 있습니다. 보드게임이 어쩌다 이렇게 인기를 끌게 된 건지, 보드게임만이 가진 장점을 이야기해보겠습니다.

∞ 활용도로 본 보드게임의 장점

1. 캠핑장, 펜션, 워크숍, 교회 등 언제 어디서나 간단하게 즐길 수 있습니다.
2. 유아부터 노인까지 난이도를 조절하면서 누구든지 즐길 수 있습니다.
3. 구성물 관리만 잘한다면 여러 세대를 거쳐 사용할 수 있습니다.
4. 가족 간 공통의 관심사를 가지게 하며 건전한 놀이문화를 이끌어갈 수 있습니다.

∞ 교육적 효과로 본 보드게임의 장점

1. 규칙을 지키고 순서에 따라 진행하면서 준법성을 키울 수 있습니다.
2. 수학, 언어, 과학, 경제, 사회 등 다양한 교과목과 연계할 수 있습니다.
3. 매순간 변하는 상황에 대처하는 판단력을 기를 수 있습니다.
4. 게임하는 사람들과의 의사소통을 통해 사회성을 키울 수 있습니다.
5. 온라인 게임에 몰입하는 빈도를 줄여 중독을 예방할 수 있습니다.
6. 문제해결능력을 쌓으며 집중력과 사고력을 키울 수 있습니다.

이밖에도 보드게임의 순기능은 무궁무진하며 아이의 친구들이 집에 오면 함께 놀 수 있는 완구로써의 역할도 충분히 해주고 있습니다. 하지만 고가의 보드게임을 사놓고도 잘 안 하게 되거나, 너무 다양한 보드게임 중에서 우리 아이에게 잘 맞는 보드게임이 무엇인지 고민하는 엄마들이 많습니다. 이 책은 아이와 함께 할 수 있는 연령대별 보드게임을 알려주고, 사전/사후 활동을 통해 교육적 효과를 극대화하는 방법을 알려줍니다.

더불어, 당부드리고 싶은 말이 있습니다. 보드게임은 승패가 갈리는 놀이라 자칫 지나치게 승부에 집착하거나 좌절감을 맛보게 하면 아무리 좋은 보드게임이라도 독이 될 수 있습니다. 과정을 즐길 수 있고, 도전을 두려워하지 않도록 격려하고 응원해주는 분위기를 만들어주세요. 그리고 매번 아이가 지는 게임만 한다면 아이는 보드게임을 더 이상 하고 싶어 하지 않을 수 있어요. 이럴 때는 가족이 협력해서 모두가 이기는 협동 보드게임이나 주사위 게임, 아이가 잘하는 영역의 보드게임을 먼저 시작해보셨으면 합니다.

이 책의
활용법

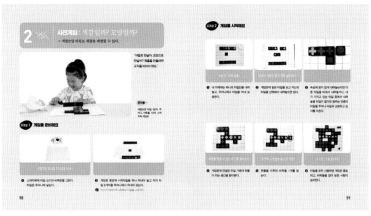

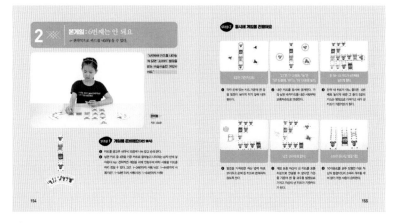

1. 부모와 아이 함께 즐기자

보드게임은 누구와 함께 하느냐, 몇 명이 하느냐에 따라 즐거움과 효과가 다릅니다. 또래끼리 규칙을 지켜가며 자유롭게 하는 놀이가 가장 이상적이지만, 처음 보드게임을 시작할 때에는 규칙을 잘 이해한 어른이나 선배들과 함께 하면 더욱 좋습니다. 충분한 상호작용을 해본다면 보드게임이 즐거운 두뇌 놀이라는 걸 느낄 수 있을 것입니다. 따라서 부모님이 함께 보드게임을 할 때, 아이의 생각을 물으며 점점 난이도 있는 규칙에도 적응하도록 하는 게 좋습니다. 그래서 '아이가 원할 때는 언제든 부모님과 함께 보드게임을 한다'라는 기준으로 활용법을 소개했습니다.

2. 보드게임 하나로 한 달 동안 놀아보자

보드게임은 구성물에 따라 가격대가 다양하지만 대부분은 고가인 것들이 많습니다. 큰맘 먹고 구매한 보드게임을 한 번 놀고 치워둔다면 너무 속상하겠죠? 그래서 '한 가지 보드게임을 갖고 한 달 동안 놀자'라는 마음으로 기본 규칙 이외에 응용 놀이를 만들어보았습니다. 기본 규칙에 충실했다면 어느새 아이는 상상력과 창의력을 발휘해 새로운 놀이를 만들어 내기도 할 겁니다. 그럴 때는 이야기에 귀 기울여주시고 아이가 만든 놀이로 변형해서 함께 해보는 것도 좋다고 생각합니다. 실제로 기존에 판매되고 있는 보드게임은 테마만 다르고 비슷한 규칙을 가진 게임들이 많이 있습니다.

여기 실린 게임들은 엄마표로 간단한 변형게임에서부터 완전히 새로운 게임이 되는 방법까지 다양한 노하우들을 담았습니다. 아이가 본게임을 충분히 즐겼다면 응용편을 활용해 매주 같은 게임으로 다른 놀이를 하며 창의성을 키워보는 것도 좋습니다.

3. 연령에 맞지 않다고 피하지 말자

아주 단순한 게임부터 한 번 시작하면 한 시간 이상이 걸리는 게임들까지, 보드게임마다 난이도 차이가 많이 나기도 합니다. 집에 있는 자녀들이 나이 차이가 많이 날 때 함께 놀려고 하면 난감할 때가 있기도 하고, 권장 연령을 참고해서 구매를 했는데도 우리 아이에게 너무 쉽거나 어렵게 느껴지기도 하지요.

그래서 이 책에서는 사전놀이 또는 사후놀이로 난이도를 조절하여 쉽게 놀 수도 있고, 응용해서 어렵게 놀 수도 있도록 다양한 규칙으로 놀이를 소개해놓았습니다. 또한 어떤 게임들은 3~4인이 함께 해야 재밌거나 게임규칙을 따를 수 있기도 한데, 엄마와 단둘이 놀이하는 시간이 많은 가정에서는 보드게임이 있어도 활용하기가 쉽지 않을 것입니다. 이 책은 기본게임 이외에 2인용으로 변형을 해서 할 수 있는 방법도 소개되어 있으니 아이와 단둘이 눈을 맞추고 충분한 상호작용을 하며 즐거운 시간을 가질 수 있을 것입니다.

4. 갖고 있는 보드게임을 잘 활용하자

집집마다 형들이 갖고 놀던 보드게임, 누가 줘서 얻은 게임 등 책장 위 칸에 자리 잡은 게임들이 있을 것입니다. 이런 게임들을 재발견하여 다양한 방법으로 응용할 수 있습니다. 또한, 한 가지 게임으로 변형 규칙을 만들어 새롭게 시도해볼 수도 있습니다. 먼지 쌓인 보드게임이라도 자주 꺼내서 아이가 흥미를 가질 수 있도록 함께 놀아보기를 권합니다.

5. 설명서를 보고 좌절하지 말자

설레는 마음으로 보드게임 상자를 열었는데 설명서만 읽다가 지쳐 포기하고 내 맘대로 혹은 엉터리로 놀기도 하죠? 보드게임 강사인 저희도 신작게임을 공부할 때 설명서와 씨름을 할 때도 있고, 읽는 사람마다 다르게 이해하기도 해서 곤란할 때가 많답니다. 또 수입게임들은 번역하면서 조금씩 차이가 있어서 검색의 도움을 받아도 다르게 설명되어 있기도 하지요. 이 책에서는 단순히 게임 규칙을 나열하는 방식이 아닌, 자녀와 상호 작용하는 방법에 대해 알려줍니다. 애매했던 규칙들도 다양한 예시를 통해 이해도를 높일 수 있도록 하였습니다.

PART 1

장난감 대신 보드게임!
쉽고 재미있게 따라해봐요
4-5세 추천 보드게임

생쥐 만세

 인원 2~4명
시간 30분

구성물

게임판 1개, 고양이 말 1개, 생쥐 말
18개(빨강 5개, 파랑 5개, 노랑 4개,
초록 4개), 치즈 20개, 주사위 1개

이런 것을 배울 수 있어요

◇ 전략적 사고를 할 수 있어요.
◇ 수 대응과 수 세기를 할 수 있어요.
◇ 공간지각능력을 키울 수 있어요.

| 이런 활동을 해요 |

놀이명	본게임	사후게임 1	사후게임 2
	생쥐 만세	생쥐 달팽이 놀이	주사위 숨바꼭질
놀이목적	고양이를 피해 치즈 조각 많이 획득하기	가위바위보로 치즈 획득하기	예측하여 생쥐 많이 남기기

1 ※ 본게임 : 생쥐 만세

☞ 주사위 수만큼 이동할 수 있으며 목적지에 도착하기 위한 다양한 방법을 생각해볼 수 있다.

"쥐가 한 마리, 쥐가 두 마리, 쥐가 세 마리, 네 마리, 다섯 마리…. 야옹! 고양이에게 잡히기 전에 얼른 치즈랜드로 가야 해요."

준비물

게임판 1개, 고양이 말 1개, 4가지 색의 생쥐 말 18개, 치즈 20개, 주사위 1개

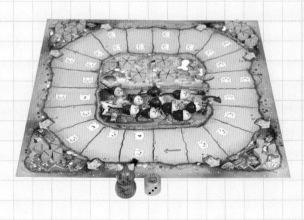

step 1 게임을 준비해요(2인 예시)

❶ 게임판과 주사위를 테이블 중앙에 놓는다.

❷ 생쥐는 게임 인원수에 따라 나눠가진다.
   (2명: 파랑 5마리, 빨강 5마리 / 3명~4명: 각 색깔별 4마리)

❸ 게임판 중앙의 생쥐 집에 생쥐들을 모아놓고, 동그란 통 치즈는 치즈랜드에 놓는다.

❹ 치즈 조각들은 모서리 그림에 맞게 둔다.

❺ 고양이 말은 게임판의 고양이 표시 위에 올려놓는다.

step 2 게임을 시작해요

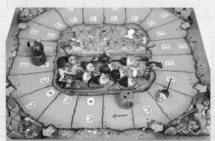

숫자 '2'
2칸 이동

잡았다. 야옹!

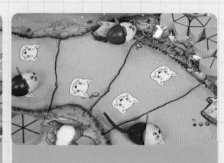

친구 집에 숨어야지!

❶ 시작플레이어는 주사위를 굴리고 생쥐 한 마리를 시계 방향으로 이동시킨다. 길 1칸에는 4마리까지만 설 수 있다.

❷ 주사위에 고양이 그림이 나오면 자신의 생쥐 중 하나를 1칸 움직이고 고양이도 1칸 움직인다. 고양이가 지나친 칸이나 도착한 칸에 있는 생쥐들은 모두 잡힌다.

❸ 생쥐들은 치즈 화살표가 그려진 칸을 통해 친구네 집으로 도망칠 수 있으며 한 번 들어가면 나올 수 없다. 친구네 집이나 치즈랜드에 도착한 생쥐들은 도착하는 순서대로 남아 있는 치즈 덩이를 하나씩 얻는다.

 ## 고양이의 특수효과

집에 있는 생쥐들을 모두 잡았다!

이제부터는 2칸씩 점프하며
잡으러 갈 테다~

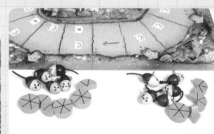

치즈조각이 모두 몇 개인지 세어볼까?

❹ 고양이가 생쥐네 집 입구 칸에 도착했을 때 집에 남은 생쥐들은 모두 잡힌다. 치즈랜드나 친구 집에 들어간 생쥐는 잡을 수 없다.

❺ 고양이는 안쪽 고양이 표시를 따라 1칸씩 움직이다가 바깥쪽 고양이 표시가 나타나면 2칸씩 움직인다.

❻ 생쥐가 치즈랜드 또는 친구네 집에 도착하거나 고양이에게 모두 잡히면 게임이 끝나고 치즈조각을 많이 모은 사람이 승리한다.

2 ✕✕ 사후게임 1: 생쥐 달팽이 놀이

☞ 주사위 수만큼 이동할 수 있으며 방향을 이해하고 놀이를 주도적으로 이끌 수 있다.

"서로 상대방 집에 먼저 도착하는 놀이예요. 생쥐들이 모여서 달팽이 놀이를 해요. 누가 상대방 집에 먼저 도착할까요?"

준비물

빨강 생쥐 말 5개, 파랑 생쥐 말 5개, 동그란 치즈 4개, 3조각짜리 치즈 2개, 주사위 1개

step 1 게임을 준비해요

❶ 통 치즈 덩이 4개와 3조각짜리 2개를 합쳐 통 치즈 하나로 만들어 준비한다. 생쥐는 빨강 5마리, 파랑 5마리를 사용한다.

❷ 각 생쥐는 게임 중앙에 치즈랜드와 생쥐 집 중 한 곳을 출발 지로 정하고, 생쥐들을 줄지어 놓는다.

step 2 게임을 시작해요

빨강 생쥐는 시계 방향,
파랑 생쥐는 반 시계 방향으로 출발!

가위바위보!

❶ 시작플레이어가 먼저 주사위를 굴려 나온 수만큼 상대편 생쥐가 있는 쪽으로 이동한다.

❷ 이동하다가 상대방 생쥐를 만나거나 지나치게 되면 무조건 멈추고 서로 가위바위보를 한다.

나랑 놀자. 야옹~~

2번째 선수 출발!

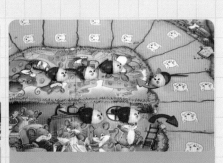

빨강 생쥐가 먼저 도착~

❸ 가위바위보에서 이긴 생쥐는 그 칸에 멈추고 진 생쥐는 게임판에서 제외하고 고양이 옆에 둔다.

❹ 진 사람이 다시 주사위를 굴리고 자신의 집에서 다음 생쥐를 출발시킨다.

❺ 내 생쥐 5마리 중 한 마리라도 상대 집에 먼저 도착하면 승리하고 치즈 덩이를 하나 갖는다. 5라운드를 진행하고 치즈를 많이 획득한 사람이 승리한다.

3 ✖ 사후게임 2 : 주사위 숨바꼭질

☞ 놀이를 통해 긴장감을 해소하고 문제를 해결하기 위해 다양한 경우의 수를 생각해볼 수 있다.

"고양이가 어디로 나타날 지 몰라요. 주사위 숫자를 예측하고 어서 친구네 집 에 숨어요."

준비물

고양이 말 1개, 4가지 색의 생쥐 말 18개, 주사위, 종이, 펜

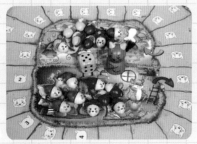

step 1 게임을 준비해요

❶ 색종이 1장을 4등분하여 1~4번까지 적는다. 각 모서리에 종이를 놓아 몇 번 집인지 표시한다.

❷ 생쥐는 인원수에 맞게 나눠 갖는다.
　2인: 각자 2가지 색 9마리씩(빨강 5+초록 4/ 파랑 5+노랑 4), 3~4인:4가지 색 4마리씩

❸ 고양이와 주사위는 중앙에 둔다.

25

step 2 게임을 시작해요

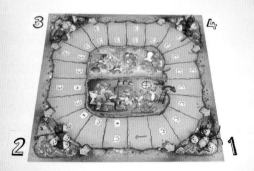

꼭꼭 숨어라~
친구 집에 숨어라~

❶ 자신의 생쥐를 1번에서 4번 집 가운데 숨고 싶은 곳으로 분산하여 놓는다.

찾았다! 4번 생쥐들~

❷ 번갈아가며 고양이 역할을 맡고 주사위를 굴린다. 나온 숫자에 해당되는 집으로 고양이를 옮기고 그 집의 생쥐를 모두 게임판 밖으로 빼놓는다.

각자 한 마리씩 부활!

❸ 주사위를 던져 고양이가 나오면 각자 잡힌 생쥐 중 1마리를 다시 1~4번 집 가운데 한 곳에 갖다 놓는다. '5'가 나오면 다시 굴린다.

우와~ 2번방 생쥐 2마리가 끝까지
살아남았네!

❹ 매 라운드마다 주사위를 굴리기 전에 생쥐들은 집을 바꿔 숨을 수 있으며, 마지막까지 자신의 생쥐가 살아남은 사람이 승리한다.

펭글루

연령 **4+**

👤 인원 2~4명
시간 15분

구성물

펭귄 말 12개, 펭귄 알 12개, 빙하 점수판 4개, 색깔 주사위 2개

이런 것을 배울 수 있어요

◇ 관찰력을 키울 수 있어요.
◇ 기억력을 키울 수 있어요.

| 이런 활동을 해요 |

놀이명	사전게임	본게임	사후게임 1	사후게임 2
	펭귄의 경주	예쁜 알을 찾아라!	펭귄의 초대	펭귄의 이사
놀이목적	같은 색의 알을 찾아 이동하기	같은 색을 찾아 데려오기	잘 기억하여 펭귄 초대하기	펭귄 옮기기

1 ✖ 사전게임 : 펭귄의 경주

☞ 알의 색을 잘 기억하여 펭귄을 움직일 수 있다.

"추운 남극에도 즐거운 운동회가 열린대요. 펭귄들이 달리기 시합을 하고 있어요."

준비물

펭귄 말 12개, 펭귄 알 6개 (6가지 색깔), 주사위 1개, 빙하 점수판 2개(2인일 경우)

펭귄들의 운동회가 시작됩니다~

두 선수가 빙하판 달리기를 하는데 알을 찾아야 앞으로 갈 수 있어.

누가 누가 빠른가~ ♪

❶ 펭귄 말 6개의 품속에 색깔이 다른 알을 넣어준다. 각자의 빙하판 앞에 펭귄 1개를 놓는다.

❷ 주사위를 던져 나온 색깔의 알을 찾는다. 알을 찾았다면 펭귄을 1칸 이동시키고, 못 찾으면 그대로 순서를 넘긴다.

❸ 알을 찾아 먼저 6점에 도착한 사람이 이긴다.

Tip 알 없는 펭귄 4개를 넣어 10개의 펭귄으로도 게임을 할 수 있다.

2 ✕✕✕ 본게임 : 예쁜 알을 찾아라!

☞ 주사위의 색과 같은 색의 알을 찾을 수 있다.

"남극에는 여러 종류의 펭귄이 살고 있어요. 황제펭귄, 턱끈펭귄, 마카로니펭귄, 아델리펭귄, 젠투펭귄 등이 추운 날씨에도 알을 낳고 새끼를 기르며 열심히 살고 있지요."

준비물

펭귄 말 12개, 펭귄 알 12개, 빙하 점수판 4개(4인인 경우), 색깔 주사위 2개

알을 품은 펭귄~

보았던 알의 위치를 기억해야 해!

2개를 다 찾아서 한 번 더 할 수 있어.

6마리 펭귄 다 모았다~

❶ 12마리의 펭귄 속에 각각 알을 넣어 테이블 중앙에 놓는다. 각자 1개의 빙하 점수판을 자기 앞에 놓고 주사위도 준비한다.

❷ 순서를 정하고 주사위 2개를 굴려서 나온 색깔의 알을 찾는다. 알을 하나만 찾았다면 찾은 알과 펭귄을 자기 점수판 위에 데려오고 순서를 넘긴다.

❸ 2개를 모두 찾았다면 2개를 자기 점수판 위에 놓고 한 번 더 할 수 있다. 같은 색의 알이 아닐 경우 다시 알을 펭귄 속에 덮어놓고 다음 사람이 진행한다.

❹ 알을 찾을 때 자신의 빙하판 위나 상대의 빙하판 위에 있는 펭귄 속에서 찾을 수는 있지만, 상대의 펭귄을 가져갈 수는 없다. 6개의 알을 먼저 찾는 사람이 이긴다.

"우리 집에 왜 왔니~ 왜 왔니~♪♪ 즐겁게 놀기 위하여 5마리의 펭귄들을 초대하세요."

준비물

펭귄 말 12개, 주사위 1개

펭귄들 모두 모여라!

엄마가 말한 파란색 주사위가 나왔네! 한 마리 초대했다~

5마리 모두 초대 성공!

❶ 펭귄 12마리의 무리와 주사위 1개를 테이블 중앙에 놓고 순서를 정한다.

❷ 먼저 색깔을 말하고 주사위를 굴려 같은 색이 나오면 펭귄 한 마리를 데려가고 틀릴 때까지 계속 기회를 갖는다.

❸ 5마리의 펭귄을 먼저 초대하는 사람이 승리한다.

4 사후게임 2 : 펭귄의 이사

☞ 전략을 세워서 펭귄을 이동할 수 있다.

"펭귄들이 더 안전한 곳을 찾아서 이사를 해야 한대요. 모두가 함께 이사를 가려면 알이 어디에 있는지 잘 기억해야 해요."

준비물

펭귄 말 12개, 펭귄 알 12개, 빙하 점수판 4개, 주사위 2개

이사 갈 준비가 됐네요.

2개를 모두 맞추면 틀릴 때까지 계속 할 수 있어!

점프를 하면 한 번에 2칸을 갈 수 있어!

안전한 곳으로 모두 이사했네요.

❶ 각자의 빙하판에 각기 다른 색의 알을 품은 펭귄 6개를 놓는다. 남은 빙하판 2개를 중간에 놓고 순서를 정한다.

❷ 주사위 2개를 던져 나온 색의 알을 상대 혹은 자신의 펭귄 중에서 찾는다. 2개 중 1개만 찾았다면 알만 1칸 앞으로 간다. 2개를 모두 찾으면 알과 펭귄이 같이 1칸 앞으로 이동한다.

❸ 이동 중 상대의 펭귄이 앞에 있으면 상대를 뛰어넘어 한 번에 2칸을 이동할 수 있다.

❹ 자신의 빙하판 위에 있던 6개의 펭귄을 모두 상대의 빙하판 위로 이동하면 승리한다.

31

서펜티나

 인원 2~5명
시간 15분

구성물

뱀카드 50장

이런 것을 배울 수 있어요

◇ 여러 가지 색의 이름을 익힐 수 있어요.
◇ 뱀의 생김새를 익힐 수 있어요.
◇ 카드 표시를 보고 규칙에 따른 행동을 익힐 수 있어요.

 | 이런 활동을 해요 |

놀이명	사전활동	사전게임	본게임
	아주 아주 긴 뱀	꼬물꼬물 아기뱀	무지개 뱀을 찾아서
놀이목적	뱀을 길게 만들기	아기뱀을 만들며 본게임의 기본규칙을 익히기	색의 조합 익히기

1 ✕✕✕ 사전활동 : 아주 아주 긴 뱀

☞ 긴 뱀을 만들기 위해 알맞은 카드를 조합할 수 있다.

"세상에서 제일 긴 뱀을
만들어보아요."

준비물

뱀 카드 48장(무지개 뱀 카드 2장 제외)

어떤 색깔의 머리로 뱀을 만들까?

다음엔 어떤 색깔의 몸통이 와야 하지?

엄마보다 더 긴 뱀이 완성 되었네~
멋지다~

❶ 원하는 머리카드를 골라 놓는다.

❷ 머리카드의 색깔과 같은 몸통을 연결시켜 나간다.

❸ 연결되는 카드를 찾아 최대한 길게 만든다.

2 ✳ 사전게임 : 꼬물꼬물 아기뱀

☞ 머리, 몸통, 꼬리카드를 연결하여 뱀을 완성할 수 있다.

"작고 귀여운 아기뱀을 만들어보아요."

준비물

뱀 카드 50장

머리, 몸통, 꼬리끼리 분류해볼까?

뱀을 완성시켜보자.

뱀이 몇 마리인지 세어보자!

❶ 50장의 카드를 펼쳐놓고 관찰한 후 카드를 머리, 몸통, 꼬리로 분류한다.

❷ 머리와 꼬리카드를 펼쳐놓고 몸통카드는 더미를 만들어 옆에 둔다.

❸ 몸통카드를 뽑아 해당하는 머리, 꼬리카드가 있다면 뱀을 완성시켜 카드를 획득한다. 연결 가능한 카드가 없다면 몸통카드는 버린다.

❹ 더 이상 연결할 머리와 꼬리카드가 없으면 게임은 종료되고, 획득한 카드가 많은 사람이 승리한다.

3 ✕✕✕ | 본게임 : 무지개 뱀을 찾아서

☞ 예쁜 뱀 모양의 여러 카드를 연결해 길이가 긴 뱀을 많이 완성할 수 있다.

"알록달록 예쁜 카드를 연결하여 뱀을 만들어보아요."

준비물

뱀 카드 50장

1장을 뽑아볼까?

엄마가 뒤집은 카드는 어디에 놓아야 할까?

야호~ 뱀 하나 완성!

❶ 카드를 잘 섞고 부채꼴 모양으로 더미를 만든다. 1장을 뽑아 앞면이 보이게 펼쳐놓는다.

❷ 1장을 골라 연결할 수 있는 곳이 있는지 탐색한다. 같은 색의 카드를 찾으면 연결한다. 연결시키지 못한 카드는 내려놓는다.

❸ 뱀이 완성되면 완성된 뱀 카드를 모두 점수카드로 획득한다. 더미 카드를 모두 사용하면 게임은 종료된다. 획득한 카드가 많은 사람이 승리한다.

35

스머프 사다리 게임

 인원 2~5명
시간 20분

구성물

게임판 1개, 주사위 1개, 가가멜
카드 20장, 가가멜 말 1개, 가가멜
받침대 1개, 스머프 말 5개, 스머프
받침대 5개

이런 것을 배울 수 있어요

✧ 수 대응능력을 키울 수 있어요.
✧ 수 기초 연산을 할 수 있어요.

| 이런 활동을 해요 |

놀이명	사전활동	사전게임	본게임
	수놀이	집으로	개구쟁이 스머프
놀이목적	1~100까지 수 알아보기	수 대응하기	가가멜 카드 활용하기

"주머니에서 수와 양이 그려진 타일을 꺼내며 엄마와 아이가 함께 수를 만들어보아요."

준비물

게임판, 스머프 말 2개, 받침대 2개, 주머니 1개, 수와 양 타일 각각 10개씩

1은 점이 몇 개일까?	다 준비됐지?	타일을 뽑아보자.	63은 어디에 있을까?

❶ 수 타일 10개와 양 타일 10개를 만들어보자.

❷ 게임판과 말을 준비하고 주머니에 수 타일과 양 타일 20개를 모두 넣어둔다.

❸ 내 차례가 되면 타일을 1개 나 2개를 뽑는다.

❹ 아이와 엄마가 순서대로 타일을 뽑아 수를 조합하고 게임판에 일치하는 칸에 스머프 말을 놓는다.

2 ✖ 사전게임 : 집으로

☞ 주사위를 굴려 나온 수만큼 스머프를 이동시킬 수 있다.

"소풍 나온 스머프가 집으로 돌아가려 해요. 주사위를 굴려 지름길로 갈 수 있게 도와주세요."

준비물

게임판, 주사위 1개, 스머프 말 2개, 받침대 2개

step 1 게임을 준비해요

❶ 게임판과 주사위를 준비한다.
❷ 스머프 말 1개를 선택하고 출발점에 놓는다.

step 2 게임을 시작해요

2칸 앞으로!

1칸 더 앞으로!

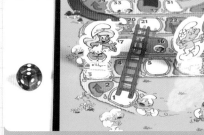

사다리를 타고 빨리 가야지!

❶ 순서를 정하고 주사위를 던진다. 주사위 수만큼 말을 이동시킨다.

❷ 도착한 칸에 다른 사람의 말이 있다면 앞에 있는 빈칸으로 이동한다.

❸ 도착한 칸에 사다리 그림이 있다면 사다리와 연결된 위쪽으로 바로 올라간다.

이번엔 미끄럼틀을 타고 내려가자.

100번째 칸 도착.

❹ 도착한 칸에 미끄럼틀 그림이 있다면 미끄럼틀과 연결된 아래쪽 칸으로 바로 내려간다.

❺ 100번째 칸에 누군가 도착하면 게임은 종료된다. 100번째 칸에 먼저 도착한 사람이 승리한다.

3 ✖ 본게임 : 개구쟁이 스머프

☞ 다양한 액션을 이해하고 가가멜 카드를 사용할 수 있다.

"랄랄라~ 랄랄라~ 랄라 랄랄라~ 즐거운 소풍날 심술쟁이 악당 가가멜이 나타났어요. 가가멜을 피해 스머프 친구들은 집으로 안전하게 돌아갈 수 있을까요?"

준비물

게임판. 가가멜 카드 20장, 주사위, 스머프 말 2개, 받침대 2개, 가가멜 말 1개,가가멜 받침대 1개

step 1 게임을 준비해요(2인 예시)

❶ 게임판을 펼치고 선택한 스머프 말과 가가멜 말을 출발점에 놓는다.

❷ 가가멜 카드는 더미를 만들고 주사위는 옆에 둔다.

주사위 수가 3이니 3칸을 이동해보자!

❶ 주사위를 굴려 나온 수만큼 게임 말을 이동한다.

올라가볼까?

❷ 사다리 칸에 도착하면 연결된 칸으로 바로 올라간다.

미끄럼틀 칸이다!

❸ 미끄럼틀 칸에 도착하면 연결된 칸으로 바로 내려간다.

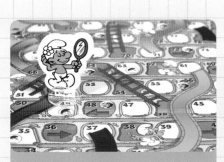

신난다! 한 번 더 기회가 왔네!

❹ 파파스머프 칸에 도착하면 주사위를 다시 한 번 더 굴려서 나온 수만큼 이동한다.

한 번 쉬어야겠네.

❺ 아즈라엘 칸에 도착하면 다음 내 차례에 한 번 쉰다.

가가멜 카드를 사용해볼까?

❻ 주사위를 던졌을 때 가가멜 칸으로 이동했다면 가가멜 카드 더미에서 1장을 뽑아서 카드 내용에 따르면 된다.

41

가가멜 칸에 도착했어.

7 가가멜은 가가멜이 그려진 칸에 도착해도 가가멜 카드를 뽑지 않는다.

가가멜을 만나면 어떻게 될까?

8 가가멜 말이 도착한 칸에 누군가 있다면 그 말은 다음 차례에 한 번 쉰다.

가가멜이 먼저 도착하면 어떻게 될까?

9 가가멜이 이미 100번째 칸까지 먼저 도착했다면 반대로 이동한다.

step 3 규칙을 바꿔요

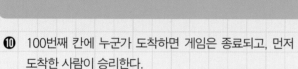

2보다 큰 수가 나오면 실패!

10 100번째 칸에 누군가 도착하면 게임은 종료되고, 먼저 도착한 사람이 승리한다.

규칙을 바꿔볼까?

가가멜 카드를 4장씩 받는다. 가가멜 칸에 도착한다면 내 손에 있는 가가멜 카드를 선택하여 사용할 수 있다.

연령 **5+**

치킨차차

인원 2~4명
시간 10분

구성물

달걀 모양 운동장 타일 24개,
선수 닭 4개, 꽁지 4개,
팔각형 꼬꼬마당 타일 12개

이런 것을 배울 수 있어요

◇ 닭의 한살이에 대해 알 수 있어요.
◇ 기억력과 집중력을 향상시킬 수 있어요.

| 이런 활동을 해요 |

놀이명	사전활동	사전게임	본게임	사후게임
	삐악삐악 꼬꼬댁	나는야 똑똑한 닭	네 꽁지 내 거야!	기억 속으로
놀이목적	닭의 한살이 알기	같은 그림 찾기	같은 그림 찾아 꽁지 뺏기	기억하고 집중하기

1 ✕ 사전활동 : 삐악삐악 꼬꼬댁
☞ 닭의 한살이를 알 수 있다.

"꼬꼬댁~ 꼬꼬~ 어미 닭이 배가 아프더니 예쁜 알을 낳았어요!"

준비물

운동장 타일 12개

삐악삐악~ 어디에서 소리가 나는 걸까?

노란 병아리는 어디에서 생긴 걸까?

❶ 달걀 모양 운동장 타일 12개를 펼쳐놓고 닭의 한살이를 이야기한다.

❷ 운동장 타일 12개를 펼쳐놓고, 닭의 성장 과정에 일치하는 그림을 찾아본다.

44

2 ※※ | 사전게임 : 나는야 똑똑한 닭

☞ 그림을 인지하고 타일을 기억하며 같은 그림을 찾을 수 있다.

"무엇이 무엇이 똑같을까 ~ 아이랑 함께 노래를 부르며 같은 그림을 찾아보아요."

준비물

운동장 타일 24개

무엇이 무엇이 똑같을까~

타일을 뒤집어보자.

하나, 둘, 셋, 넷, 똑같으면 동점!

❶ 운동장 타일 6세트를 펼쳐놓고 같은 그림을 찾아본 후 타일을 섞어서 뒤집어놓는다.

❷ 내 순서에 타일 2장을 차례차례 뒤집는다. 그림이 일치하면 타일을 가져오고 틀릴 때까지 타일을 펼칠 수 있다. 틀리면 즉시 타일을 뒤집어놓는다.

❸ 바닥의 타일이 떨어지면 게임이 종료되고, 많은 타일을 획득한 사람이 승리한다.

3 ✕✕✕ | 본게임 : 네 꽁지 내 거야!

☞ 마당타일 위치를 기억하고, 꽁지를 획득할 수 있다.

"마당 타일 그림과 운동장 타일 그림을 잘 기억하면 상대방의 꽁지를 가져올 수 있어요."

준비물

운동장 타일 24개, 선수 닭 2개,
꽁지 2개, 꼬꼬마당 타일 12개

step 1 게임을 준비해요(2인 예시)

❶ 선수 닭을 선택하고 꽁지도 맞게 끼운다.

❷ 운동장 타일을 잘 섞어서 같은 그림이 서로 떨어지게 놓는다.

❸ 꼬꼬마당 타일은 4x3으로 펼쳐놓고 위치를 기억한 후 뒤집는다.

❹ 운동장 타일에 선수 닭 2개를 일정한 간격으로 올려놓는다.

내 선수 닭 앞에 있는 그림을 찾는 거야.

❶ 자신의 선수 닭 앞에 있는 운동장 타일의 그림을 마당 타일에서 찾는다.

앞으로 1칸!

❷ 같은 그림을 찾으면 1칸 전진하고 마당 타일을 뒤집어놓는다. 틀릴 때까지 계속 뒤집을 수 있다.

어떤 타일의 그림을 맞춰야 할까?

❸ 상대방 선수 닭이 내 앞에 있다면 상대방 앞에 있는 그림을 마당 타일에서 찾는다.

네 꽁지 내 거!

❹ 같은 그림을 찾으면 상대방의 꽁지를 뽑아 내 꼬리에 끼우고 뛰어넘어 앞지를 수 있다.

꽁지를 모두 획득했어.

❺ 한 마리의 닭이 꽁지를 모두 획득하면 게임은 종료된다. 꽁지를 모두 획득한 닭이 승리한다.

괜찮아. 계속 달릴 수 있어.

❻ 선수 닭이 3마리 이상 게임을 하는 경우, 한 마리가 꽁지를 모두 획득하기 전까지 꽁지가 없더라도 게임을 계속할 수 있다.

4 ⁣ 사후게임 : 기억 속으로

☞ 운동장 타일을 기억하고 찾을 수 있다.

"운동장 그림들이 다 사라졌어요. 어떤 그림들이 있었는지 기억해보아요."

준비물

운동장 타일 24개, 꼬꼬마당 타일 12개

동그랗게 길을 만들어볼까?

토끼 나와라. 뚝딱!

누가 누가 높을까?

❶ 운동장 타일을 잘 섞어서 그림이 안 보이게 뒤집어놓는다. 꼬꼬마당 타일은 더미를 중앙에 두고 하나를 펼쳐놓는다.

❷ 운동장 타일을 1개 뒤집는다. 맞추면 꼬꼬마당 타일 1개를 획득하고 운동장 타일은 뒤집어놓는다. 틀릴 때까지 계속 진행하면 된다.

❸ 꼬꼬마당 타일이 다 떨어지면 게임은 종료되고 타일을 많이 획득한 사람이 승리한다.

블링블링 젬스톤

연령 **5+**

인원 2~7명
시간 10분

구성물

돌기둥 블록 9개, 보석 블록 36개(투명 12개, 분홍 12개, 빨강 12개), 돌더미 블록 1개, 곡괭이 1개

이런 것을 배울 수 있어요

◇ 관찰력과 집중력을 키울 수 있어요.
◇ 간단한 수 계산을 할 수 있어요.
◇ 소근육 발달과 힘 조절력을 키울 수 있어요.

| 이런 활동을 해요 |

놀이명	사전활동 1	사전활동 2	본게임	사후활동
	보석 탑을 만들자	숫자 5 만들기	톡톡! 나는 일곱 난쟁이	반짝반짝! 넌 누구니?
놀이목적	색깔 분류와 보석 블록 조립하기	수놀이 하기	돌기둥 보석 조심히 캐오기	보석 꾸미기

"돌기둥에 반짝반짝 보석 옷을 입혀주세요."

준비물

돌기둥 블록 9개, 보석 블록 36개(빨강 12개, 분홍 12개, 투명 12개)

투명, 분홍, 빨강 보석들이 있네. 색깔별로 모아볼까?

보석은 위에서 아래로 끼우는 거야.

보석 탑 완성!

❶ 3가지 색의 보석을 색깔별로 분류한다.

❷ 돌기둥 블록에 같은 색깔의 보석을 끼운다.

❸ 보석을 끼운 돌기둥 블록을 차례차례 쌓는다.

2 ✖ 사전활동 2 : 숫자 5 만들기

☞ 보석 색깔별로 수와 양을 비교할 수 있다.

"블링블링 젬스톤 나라에는 3가지 색깔의 보석들이 있어요. 그런데 보석마다 점수가 달라요."

준비물

보석 블록 36개(빨강 12개, 분홍 12개, 투명 12개), 스카치테이프, 네임펜

점이 1개면 숫자 1, 점이 2개면 숫자 2, 점이 3개면 숫자 3이야.

빨강 보석 1개면 투명 보석은 몇 개가 있어야 5가 될까?

❶ 보석 색깔별로 수와 양을 네임펜으로 표시한다.

❷ 보석으로 5점을 만들어본다.

"옛날 옛적에 깊고 깊은 산속에 일곱 난쟁이가 살고 있었어요. 일곱 난쟁이는 반짝반짝 빛나는 보석들을 캐는 광부였답니다."

준비물

돌기둥 블록 9개, 보석 블록 36개 (투명 12개, 분홍 12개, 빨강 12개), 돌더미 블록 1개, 곡괭이 1개

step 1 게임을 준비해요(2인 예시)

❶ 돌기둥 블록에 알록달록 보석들을 끼운다.

❷ 보석기둥을 차례차례 세우고, 곡괭이는 보석기둥 옆에 둔다.

돌기둥이 떨어지지 않게 2번!

돌기둥이 떨어지지 않게 조심해!

게임 끝!

❶ 곡괭이를 사용해서 보석이 끼워진 돌기둥을 2번 친다.

❷ 떨어뜨린 보석과 돌기둥은 가져오고 다음 사람에게 순서를 넘긴다.

❸ 보석이 모두 없어지거나 돌기둥 블록을 모두 쓰러뜨리면 게임은 종료된다. 점수를 많이 획득한 사람이 승리한다.

7점   15점

돌기둥 1개에 -10점

27점   45점

보석 블록만 점수를 계산해볼까?

❶ 돌기둥 블록을 포함해서 점수를 계산한다.(점수 : 빨강 3점, 분홍 2점, 투명 1점, 돌기둥 -10점)

❷ 캐낸 보석만으로 점수를 계산한다.

Tip 아이가 어리면 돌기둥을 빼고 보석블록만 계산한다.

4 ⚔ 사후활동 : 반짝반짝! 넌 누구니?

☞ 보석비늘 꾸미기를 하며 호기심과 상상력을 키울 수 있다.

"무지개 물고기에게 반짝 반짝 보석비늘을 선물해 보아요."

준비물

보석 블록 36개, 스케치북, 스카치테이프, 색연필

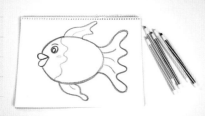

물고기를 크게 그려보자.

반짝이는 비늘을 붙여주면 물고기 기분이 어떨까?

또 무엇을 그릴까?

❶ 무지개 물고기 책을 읽고 도화지에 물고기 그림을 그린다.

❷ 비늘에 반짝반짝 보석 블록들을 붙여준다.

❸ 물고기를 꾸며주고 다른 그림도 다양하게 그려본다.

연령 **5+**

코코너츠

인원 2~4명
시간 20분

구성물

원숭이 발사대 4개, 게임판 4개, 바구니 14개(빨강 4개, 노랑 10개), 코코넛 36개, 술법카드 12장

이런 것을 배울 수 있어요

◇ 주어진 기회를 효과적으로 활용할 수 있어요.
◇ 소근육 발달에 도움을 줄 수 있어요.
◇ 힘 조절 능력을 키울 수 있어요.

 | 이런 활동을 해요 |

놀이명	본게임	사후게임	사후활동
	코코넛은 내 거야	바나나 더 주세요	원숭이 서커스단
놀이목적	힘 조절과 소근육 발달	점수가 높은 과녁에 코코넛을 맞추기	교구를 활용한 다양한 활동

55

☞ 액션카드의 역할을 알고 게임에 활용할 수 있다.

"화과산의 왕이 되기 위해 가장 먼저 바구니 탑을 쌓아야 해요. 누가 왕이 될까요?"

준비물

원숭이 발사대 2개, 게임판 2개, 바구니 14개(빨강 4개, 노랑 10개), 코코넛 16개, 술법카드 12장

step 1 게임을 준비해요(2인 예시)

❶ 바구니를 3×3 사각형 모양으로 배치하고 중앙에는 노랑 바구니가 2개, 모서리 네 곳은 노랑 바구니와 빨강 바구니를 겹친다.

❷ 플레이어 수에 따라 겹치는 바구니의 배열이 달라진다.

❸ 여의봉을 자기 쪽으로 오도록 개인판을 배치한다.

❹ 술법카드 2장과 원숭이 발사대 1개, 코코넛 8개를 가져간다.

❺ 사용하지 않는 내용물은 상자에 넣는다.

누구게?

❶ 발사할 차례가 된 플레이어에게 이 카드를 사용하면 플레이어는 눈을 감고 코코넛을 발사한다.

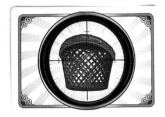

여기 쏘세요.

❷ 발사할 차례가 된 플레이어에게 이 카드를 사용하면 플레이어는 꼭 지정한 바구니에만 코코넛을 넣어야 한다.

꼼짝 마!

❸ 발사할 차례가 된 플레이어에게 이 카드를 사용하면 플레이어는 한 번 쉰다.

멀리 던지기

❹ 발사할 차례가 된 플레이어에게 이 카드를 사용하면 플레이어는 붉은 선으로부터 팔 길이만큼 떨어져서 코코넛을 발사해야 한다.

바람아 불어라~

❺ 발사할 차례가 된 플레이어에게 이 카드를 사용하면 플레이어가 발사할 때 바람을 불거나 종이로 바람을 일으켜 방해할 수 있다.

코코넛 분신술!

❻ 자기 차례에 이 카드를 내면 발사할 기회를 한 번 더 얻게 된다.

발사대가 여의봉을 넘지 않도록
조심하자!

❶ 바구니를 향해 코코넛을 발사한다.

바구니는 피라미드 모양으로 쌓아야 해~

❷ 코코넛이 바구니에 들어가면 개인 판에 놓는다.

바구니에 코코넛이 들어갔어.

❸ 다른 사람의 바구니에 코코넛이 들어가면 바구니를 빼앗아올 수 있다. 빨강 바구니에 들어가면 한 번 더 할 수 있다.

피라미드 완성!

❹ 누구든 6개의 바구니 피라미드를 완성하면 승리한다.

누구의 코코넛이 가장 많지?

❺ 모든 코코넛이 바구니에 들어가도 게임은 즉시 종료되고, 바구니에 담긴 코코넛의 개수가 가장 많은 사람이 승리한다. 개수가 같다면 마지막에 차례를 진행한 사람이 승리한다.

"배고픈 원숭이들이 바나나를 획득하기 위해 코코넛을 던져요. 원숭이를 도와주세요."

준비물

원숭이 발사대 1개, 코코넛볼, 부직포 3장, 바나나 그림 1장

빨강 8점, 주황 6점, 초록은 4점으로 할까?

초록칸에 2개가 있으니 8점이네.

❶ 3가지 색깔의 부직포를 이용하여 과녁판을 만들고 발사대의 위치를 정한다. 색깔마다 점수를 정하고 중앙에는 바나나 그림을 놓아 10점으로 한다.

❷ 각자 4개씩의 코코넛볼을 발사한다. 코코넛볼이 위치한 곳의 점수를 합산하여 높은 점수를 얻으면 승리한다.

3 ✖ 사후활동 : 원숭이 서커스단

☞ 구성물로 다양한 놀이를 해본다.

피라미드의 주인은 나야 나!

❶ 컵을 높이 쌓아 원숭이 발사대를 올려놓는다.

탑을 쌓아요!
몇 층까지 쌓을 수 있을까?

❷ 컵으로 높은 탑을 쌓는다.

원숭이 서커스단 완성!

❸ 원숭이 발사대 간에 균형을 잡아 쌓는다.

원숭이 농구대회를 해볼까?

❹ 노랑 바구니를 높이 쌓은 후 빨강 바구니를 올려놓고 원숭이 발사대를 이용해 코코넛을 골인시킨다.

컬러코드

인원 1명
시간 20분

구성물

도형판 18장, 받침대, 문제집 1권
(100문제)

이런 것을 배울 수 있어요

◇ 집중력을 키울 수 있어요.
◇ 시지각력을 키울 수 있어요.
◇ 문제해결력과 유연한 사고력을 키울
  수 있어요.

 |이런 활동을 해요|

놀이명	사전게임	본게임	사후게임
	변해라! 얍!	알록달록 암호해독	나도 게임개발자
놀이목적	도형들을 조합해보기	문제해결력 키우기	집중력과 융합형 사고력 키우기

1 ✕ 사전활동 : 변해라! 얍!

☞ 도형판을 자유롭게 조합하여 새로운 모양을 만들 수 있다.

"신기한 모양의 도형들이 많이 있어요. 도형들이 만나면 어떤 모양이 될까요?"

준비물

문제집, 도형판 18장, 받침대

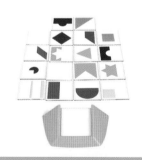

도형판을 펼쳐보자.	도형판 2개를 골라볼까?	어떤 모양일까?

❶ 도형판 18장과 받침대를 준비한다.

❷ 어떤 도형들이 있는지 살펴보고 2개의 도형판을 고른다.

❸ 받침대에 도형판들을 올려본다.

본게임 : 알록달록 암호해독

☞ 문제를 보고 해당하는 도형판을 골라 조합할 수 있다.

"starer에서 master까지, 단계별로 100가지의 문제를 풀다 보면 어느새 암호해독의 진정한 고수가 될 수 있어요."

준비물

문제집, 도형판 18장, 받침대

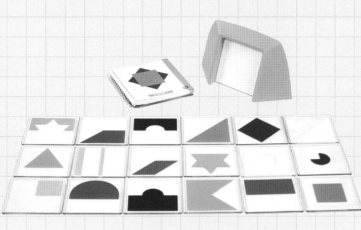

step 1 게임을 준비해요(1인 예시)

❶ 18개의 도형판을 펼쳐둔다.

❷ 받침대와 문제집을 준비한다.

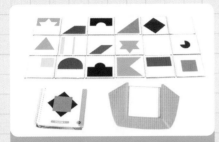

어떤 도형판들이 있니?

❶ 도형판들을 살펴보고 문제집을 펼
쳐놓는다.

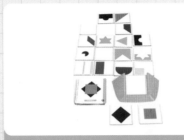

도형판을 골라볼까?

❷ 문제를 보고 맞는 도형판들을 고
른다.

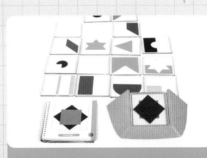

무엇이 다를까?

❸ 아래쪽과 위쪽에 놓는 도형판을
잘 구분한다.

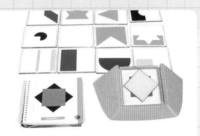

도형을 돌리면 어떻게 될까?

❹ 도형판은 색칠된 부분이 앞면이
되도록 내려놓는다.

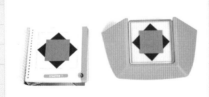

마스터까지 도전해볼까?

❺ 색깔이 같은 도형 2장이 겹치면
새로운 모양을 만들 수 있다.

받침대는 하얀색, 다른 색을 올리면
변신하지. 어때?

❻ 받침대에 본인이 고른 도형판을
문제와 같은 색깔과 모양이 나오
게 배열한다.

3 ✖ | 사후게임 : 나도 게임개발자

☞ 도형판을 자유롭게 조합하여 새로운 문제를 만들 수 있다.

"여러 개의 도형판들이
만나면 나도 게임 개발자!
문제도 내고 상대방의 문
제도 맞춰볼까요?"

준비물

문제집, 도형판 18장, 받침대,
핸드폰

도형판을 조합해봐.

도형판에는 5개까지 올릴 수 있어!

문제를 내보자.

❶ 원하는 도형판을 조합하여 문제를
만들어 핸드폰으로 찍는다.

❷ 상대방에게 사진으로 문제를 보여
주고 도형판을 맞추게 한다.

❸ 번갈아가면서 문제를 만들고 도전
한다.

Tip 모래시계를 사용하여 시간의 제한을
두면 훨씬 스릴을 느낄 수 있다.

라온

인원 2~4명
시간 10분

구성물

자음타일 44개(정사각형), 모음타일 36개(직사각형), 모래시계

이런 것을 배울 수 있어요

◇ 한글의 자음과 모음을 알 수 있어요.
◇ 한글에 관심을 가지고 다양한 조합을 이용하여 단어를 만들 수 있어요.

| 이런 활동을 해요 |

놀이명	사전활동	본게임 1	본게임 2	사후게임
	우리 가족 이름은?	위대한 한글게임 1	위대한 한글게임 2	ㄱㄴㄷ초성게임
놀이목적	우리 가족 이름 알기	자음과 모음으로 단어 조합하기	단어 연상하기	초성 수수께끼 맞추기

1 ※ 사전활동 : 우리 가족 이름은?

☞ 가족의 이름을 타일로 만들어보면서 글자에 관심을 갖도록 도와준다.

"자음, 모음 타일을 이용하여 우리 가족의 이름을 만들어보아요."

준비물

자음타일 44개, 모음타일 36개, 종이, 펜

우리 가족을 그려볼까?

엄마의 이름은 뭐지?

타일로 조합해보자!

❶ 우리 가족을 그린다.

❷ 그림에 가족의 이름을 적어준다.

❸ 이름을 보고 자음, 모음타일을 가지고 와서 조합한다.

본게임 1: 위대한 한글게임 1

☞ 자음과 모음을 알고 다양한 단어를 만들 수 있다.

"소리를 내는 사람의 입 모양을 따라 한글이 만들어졌대요. 모래시계가 떨어지기 전에 타일을 사용해 많은 단어를 만들어보아요."

준비물

자음타일 44개, 모음타일 36개, 모래시계

반듯한 네모 타일이 자음, 길쭉이 네모 타일이 모음이야.

단어를 만들어보자.

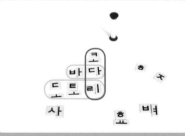

'코다리', '바다', '도토리'

❶ 타일들을 모두 뒤집어놓고 각자 자음 11개, 모음 9개씩 나누어 갖는다.

❷ 자신의 타일을 조합하여 단어를 만든다. 단어의 글자가 같으면 사진처럼 가로, 세로로 연결시킬 수 있다(모래시계가 다 떨어지면 멈춘다).

❸ 단어의 글자 수에 따라 점수를 획득한다.(1글자 1점, 2글자 3점, 3글자 6점, 4글자 10점, 5글자 15점, 터널을 남김없이 다 사용하면 보너스 점수 10점, 설명서 참고)

3 ✕✕ 본게임 2 : 위대한 한글게임 2

☞ 타일을 보고 단어를 떠올릴 수 있다.

"어떤 단어가 떠오르나요? 몇 개의 타일이 필요할까요?"

준비물

자음타일 44개, 모음타일 36개, 모래시계

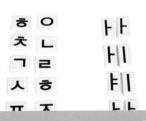

이 타일을 사용해서 어떤 단어를 만들 수 있을까?

'소풍'이 생각났어요.

'소풍'에는 타일이 몇 개 쓰이니?

❶ 타일들을 모두 뒤집어놓고 자음 14개, 모음 10개씩을 골라 보이도록 놓는다.

❷ 타일을 보고 만들 수 있는 단어를 연상한 후 말한다.

❸ 단어에 들어가는 타일의 개수를 세어본다.

타일이 몇 개니?

❹ 주어진 타일로 단어를 만들고 사용한 타일의 개수를 외친다. 모래시계가 떨어지기 전까지 누구든 연상한 단어의 타일 개수를 자유롭게 외칠 수 있다.

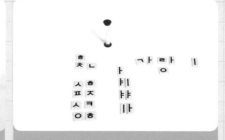

'ㅂ'이 없어서 안 되겠네?

❺ 모래시계가 다 떨어지면 가장 큰 수를 외친 사람부터 이를 증명한다. 증명이 틀렸다면 다음 사람이 증명한다.

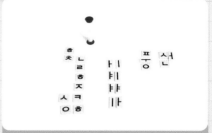

'풍선' 완성!

❻ 성공한 사람은 타일을 획득한다.

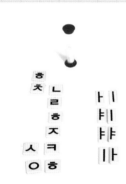

타일을 보충해보자.

❼ 빈 곳에 타일을 보충하고 새로운 라운드를 시작한다.

게임 끝~

❽ 더 이상 보충할 타일이 없으면 게임을 종료하고 타일을 많이 가진 사람이 승리한다.

4 ✕ 사후게임 : ㄱㄴㄷ 초성게임

☞ 초성게임을 하며 단어 연상능력을 키울 수 있다.

"자음타일만 사용하여 초성게임을 해 보세요. 수수께끼 형식으로 진행해보면 어휘력도 늘어나요."

준비물

자음타일 44개, 모음타일 36개

엄마가 놓은 자음을 보고 어떤 단어인지 맞춰볼까?	네가 좋아하는 캐릭터의 이름이야. 첫 글자의 모음을 놓아볼게.	정답!

❶ 타일들을 글자가 보이게 흩어놓는다. 단어를 연상한 후 단어에 맞는 초성을 골라 놓는다.

❷ 1단계 : 초성만 보고 맞추기
2단계 : 힌트 사용하여 맞추기
3단계 : 첫 글자 만들어 맞추기

❸ 정답이면 모음타일을 사용하여 정답단어를 만든다. 번갈아가며 진행하도록 한다.

PART 2

두뇌 쏙쏙! 집중력 쑥쑥!
보드게임으로 놀아봐요
6-7세 추천 보드게임

쿼클

인원 2~4명
시간 40분

구성물

6가지의 색깔, 6가지 모양이 그려진 타일 36개 3세트(108개), 주머니 1개

이런 것을 배울 수 있어요

◇ 사고력과 관찰력을 키울 수 있어요.
◇ 집중력을 키울 수 있어요.
◇ 간단한 연산을 할 수 있어요.
◇ 모양과 색깔을 배열할 수 있어요.

| 이런 활동을 해요 |

놀이명	사전활동	사전게임	본게임	사후게임
	매트릭스	색깔일까? 모양일까?	생각 팡팡	한 줄 빙고
놀이목적	모양과 색깔 배열하기	쿼클 규칙 알고 배열하기	많은 점수를 얻기 위해 공간 이해하기	빙고 게임으로 놀이를 확장하기

"타일 친구들이 집을 찾고 있어요. 가로줄과 세로줄이 만나는 곳을 잘 보고 집으로 돌아갈 수 있게 해주세요."

준비물

주머니 1개, 색깔모양 타일 36개, 스케치북, 색연필

어떤 색깔과 모양이 있는지 한번 볼까?

매트릭스를 그리자!

파랑 네모는 여기에~

❶ 6가지 색깔과 6가지 모양 타일 1세트를 주머니에 넣는다.

❷ 스케치북에 가로 7칸, 세로 7칸 매트릭스를 그리고 가로 칸에는 색깔, 세로 칸에는 모양을 그린다.

❸ 주머니에서 타일을 꺼내 가로와 세로가 만나는 칸에 조건이 맞게 놓는다.

2 ✖ 사전게임 : 색깔일까? 모양일까?

☞ 색깔모양 타일로 쿼클을 배열할 수 있다.

"색깔로 만날까, 모양으로
만날까? 쿼클을 만들려면
규칙을 따라야 해요."

준비물

색깔모양 타일 36개, 주
머니, 바둑돌 10개, 스케
치북 게임판

step 1 게임을 준비해요

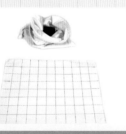

색깔모양 타일을 주머니에 쏘옥~

시작타일을 꺼내놓자!

❶ 스케치북에 타일 크기의 바둑판을 그린다.
타일은 주머니에 넣는다.

❷ 게임판 중앙에 시작타일을 하나 꺼내어놓고 각각 타일
6개씩을 주머니에서 꺼내어 갖는다.

(Tip) 아이가 어리다면 4종류의 타일을 사용한다.

76

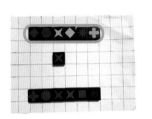

시작 타일에 붙일 수 있는
타일을 찾아보자.

❶ 내 차례에는 하나의 타일만을 내려
놓고, 주머니에서 타일을 꺼내 보
충한다.

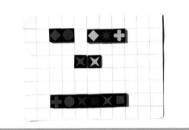

엄마는 모양이 같은 타일을 붙여야지~

❷ 게임판에 놓은 타일을 보고 자신의
타일을 선택해서 내려놓는다.

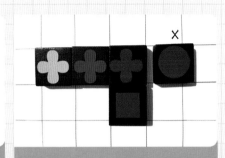

타일을 잘못 놓았어.

❸ 속성에 맞지 않게 내려놓는다면 다
른 타일을 바꿔서 내려놓거나, 내
려놓을 타일이 없다면 원하는 만큼
의 타일을 주머니 타일과 교환하고
순서를 마친다.

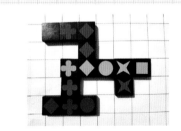

노란 타일 중 어떤 모양이 필요할까?

❹ 게임판에 놓인 타일 중에 쿼클이
되는 곳을 찾아본다.

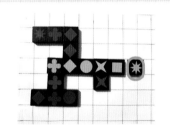

이곳에 노란 별을 놓으면 쿼클!

❺ 쿼클을 이루면 바둑돌 1개를 받
는다.

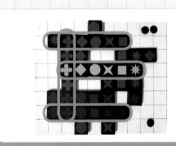

난 3점, 년 몇 점이니?

❻ 타일을 모두 사용하면 게임은 종료
되고, 바둑돌을 많이 받은 사람이
승리한다.

3 ✖ 본게임 : 생각 팡팡

☞ 세트가 되는 타일을 찾아 규칙에 맞게 배열할 수 있다.

모양과 색깔을 맞추고 모으다 보면 생각 팡팡 신나는 두뇌 플레이를 할 수 있어요.

준비물

색깔모양 타일 3세트(108개), 주머니

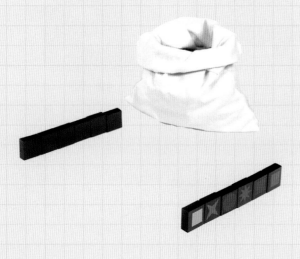

step 1 게임을 준비해요(2인 예시)

❶ 색깔모양 타일 108개를 주머니에 모두 넣는다.

> **Tip** 81p (쿼클 점수 계산표) 사용

❷ 주머니에서 6개의 타일을 꺼내 세워놓는다.

step 2 게임을 시작해요

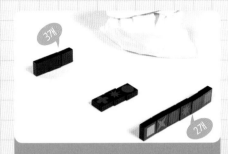

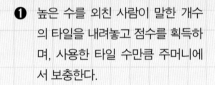

3개를 내려놓으면 3점!

❶ 높은 수를 외친 사람이 말한 개수의 타일을 내려놓고 점수를 획득하며, 사용한 타일 수만큼 주머니에서 보충한다.

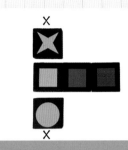

한 줄이어도 양쪽으로 놓는 것은 안 돼요.

❷ 타일을 내려놓을 때에는 한 줄로 연결되게 내려놓아야 한다.

더이상 내려놓을 타일이 없네?

❸ 내려놓을 타일이 없다면 자신의 타일 일부 또는 전부를 주머니 속 새 타일과 교환할 수 있다(이때, 타일을 골라선 안 되며 타일 교환 후 자기 차례를 마친다).

step 3 점수를 획득해요

3 더하기 1은 4점 획득.

❶ 사진과 같이 1개의 타일을 내려놓으면 4점이 된다.

3 더하기 2는 5점 획득.

❷ 사진과 같이 2개의 타일을 내려놓으면 5점이 된다.

5 더하기 3은 8점 획득.

❸ 사진과 같이 3개의 타일을 내려놓으면 8점이 된다.

3 더하기 2는 5점 획득.

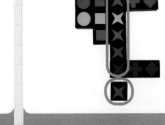

한 줄을 완성하면 쿼클!

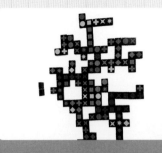

타일을 다 내려놓았어.

❹ 사진과 같이 1개의 타일을 내려놓
으면 5점이 된다.

❺ 6개의 타일을 연결했을 때 6점을
얻고 쿼클을 이루어서 추가로 6점
을 얻어 12점이 된다.

❻ 주머니 속 타일이 다 떨어지고 보
충 없이 진행하다 누군가 먼저 자
신의 타일을 바닥에 다 내려놓으면
즉시 게임은 종료된다. 먼저 자신
의 타일을 사용한 사람은 추가로 6
점을 얻고 점수가 높은 사람이 승
리한다.

쿼클 점수 계산표

(이름   )

1라운드			2라운드			3라운드		
합계			합계			합계		

사후게임 : 한 줄 빙고

☞ 게임판에서 새로운 규칙으로 타일을 배열하며 게임을 할 수 있다.

"매트릭스 게임을 좀 더 업그레이드해서 빙고게임으로 놀이를 확장시켜 볼까요?"

준비물

빙고판 4x4, 색깔모양 타일 108개(3세트)

4×4의 빙고판을 만들어보자.

각자 3개씩!

첫 번째 타일은 어느 곳에나 놓을 수 있어.

❶ 빙고판을 가운데 놓고 주머니에 타일을 모두 넣어 준비한다.

❷ 타일을 3개씩 갖는다.

❸ 내 순서에 가지고 있는 3개의 타일 중 하나를 빙고판에 놓는다. 타일을 보충한다.

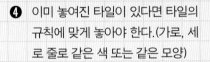

규칙대로 놓아야 해.

빙고!

알맞은 타일이 없네?

❹ 이미 놓여진 타일이 있다면 타일의 규칙에 맞게 놓아야 한다.(가로, 세로 줄로 같은 색 또는 같은 모양)

❺ 내 순서에 한 줄 이상의 빙고를 완성하면 "빙고"를 외치고 타일을 획득한다. 획득한 타일은 한쪽에 놓는다.

❻ 규칙에 맞는 타일이 없다면 내 타일을 주머니 속의 타일과 교환하고 순서를 넘긴다.

게임 종료!

❼ 주머니 속에 타일이 없고 더 이상 놓을 수 있는 타일이 없으면 게임을 종료한다. 모은 타일이 많은 사람이 승리한다.

꼬마 마법사

 인원 2~6명
시간 20~30분

구성물

게임판, 마법학교(부품 5개), 6가지 색깔의 마법사 학생, 유령 수위 아저씨 핍스, 유령시계, 나무타일 18장(요정타일 16장, 유령타일 2장), 주사위 3개(요정그림 16개, 마법물약 그림 1개, 유령그림 1개), 마법물약 토큰 3개, 주사위 강화 토큰 3개

이런 것을 배울 수 있어요

◇ 기억력과 집중력을 키울 수 있어요.
◇ 정보 전달능력을 키울 수 있어요.
◇ 배려심과 협동심을 기를 수 있어요.

| 이런 활동을 해요 |

놀이명	사전활동	본게임	사후게임
	나는야 이야기꾼	함께 가자, 친구야	날 찾지 마
놀이목적	이야기를 만들며 나무타일 익히기	원하는 요정타일을 찾아 모두 마법학교에 도착하기	추가 규칙을 적용해서 좀 더 난이도 높은 게임 즐기기

1 사전활동 : 나는야 이야기꾼

☞ 요정타일을 이용해 창의적인 이야기를 만들 수 있다.

"두근두근 다음은 어떤 이야기를 만들어야 할까요?"

준비물

나무타일 18장(요정타일 16장, 유령타일 2장)

각자 4장씩.

숲속마을에 유령이 나타났대. 박쥐가 무서워서 어쩔 줄 모르더니~

뱀이 다 같이 즐거운 파티를 하자고 했대~

❶ 요정타일을 4장씩 나눠 갖는다.

❷ 서로 번갈아가며 요정타일을 뒤집어 이야기를 이어간다.

❸ 마지막 요정타일을 내려놓으면 이야기가 끝나고 이야기의 제목을 붙여본다.

85

2 ✕✕✕ | 본게임 : 함께 가자, 친구야

☞ 주사위에 해당하는 요정타일을 서로 협력하여 찾아낼 수 있다.

"말썽쟁이 마법사들이 선생님 몰래 학교 밖을 나갔어요. 무사히 돌아올 수 있을까요?"

준비물

게임판, 마법학교(부품5개), 2가지 색깔의 마법사 학생, 유령 수위 아저씨 핍스, 유령시계, 나무타일 18장(요정타일 16장, 유령타일 2장), 주사위 3개 (요정그림 16개, 마법물약그림 1개, 유령그림 1개), 마법물약 토큰 2개, 주사위 강화 토큰 2개

step 1 게임을 준비해요(2인 예시)

❶ 게임판을 중앙에 놓고 마법학교와 계단을 잘 조립한 후 게임판에 놓는다.

❷ 나무타일을 전부 뒤집어 게임판의 동그란 칸에 놓는다.

❸ 각 플레이어마다 마법사 한 명을 선택하여 마법시장 칸에 놓는다.

❹ 유령 수위 아저씨 핍스는 유령 표시의 숲 칸에 놓는다.

❺ 물약 토큰과 주사위 토큰을 난이도에 따라 준비한다.

❻ 주사위 3개는 게임판 근처에 둔다.

❼ 시작플레이어는 유령시계를 가진다.

혼자만 봐야 해!

유령이네?

나 좀 도와줘~ 서로 협력해야 해!

❶ 나무타일을 1장씩 골라 뒷면을 보고 다시 뒤집어놓는다. 게임 플레이어가 두 명이면 각각 2장씩 볼 수 있다.

❷ 만약 유령을 보면 모두에게 보여주고 유령 수위 아저씨를 1칸 움직인다.

❸ 차례가 되면 주사위 3개를 던진 후 나무타일을 뒤집어 주사위에 나온 요정을 찾고 원래대로 뒤집어놓는다. 실패할 때까지 반복해서 찾는다.

유령이 나타났다!

1칸 앞으로~

언제든 위험에 빠진 마법사를
도와줄 수 있어!

❹ 찾은 요정타일의 수만큼 자신의 말을 움직인 후 순서를 넘긴다. 뒤집은 타일에 유령이 나왔다면 유령 수위 아저씨를 1칸 앞으로 움직인 후 순서를 넘긴다.

❺ 던진 주사위에 물약그림이 나오면 원하는 마법사 학생을 1칸 앞으로 움직인다. 유령 주사위는 유령 수위 아저씨를 1칸 앞으로 움직인다.

❻ 마법물약 토큰은 원하는 마법사를 1칸 앞으로 이동시킬 수 있다. 주사위 강화 토큰은 주사위 3개를 모두 다시 던질 수 있다. 사용한 토큰은 상자에 넣는다.

앞으로 이동!

앗! 계단이다. 혼자 힘으로
요정을 찾아야 해!

마법학교에 먼저 도착했어.

❼ 유령시계를 가진 시작플레이어의
차례가 돌아오면 유령 말이 있는
칸의 화살표 수만큼 앞으로 이동
한다.

❽ 학교 계단 위에 올라가면 다른 사
람의 도움 없이 마법학교 안으로
들어가야 한다.

❾ 마법사 학생 말이 학교 안으로 들
어가면 유령 수위 아저씨가 더 이
상 잡을 수 없다. 마법학교에 먼저
도착한 사람은 다른 사람을 도와줄
수 있다.

휴, 무사히 도착했다.

학생이 잡혔어!

❿ 모든 학생이 유령 수위 아저씨를 피해 모두 학교로 돌아
오면 플레이어들이 승리한다.

⓫ 게임 도중 유령 수위 아저씨가 마법사 학생 칸에 도착하거
나 지나가면 학생은 잡히고 모든 플레이어들이 패배한다.

3 ✖ 사후게임: 날 찾지 마

☞ 추가 규칙을 만들어 좀 더 난이도 있는 게임을 즐길 수 있다.

"추가 규칙을 새롭게 만들어보아요."

준비물

게임구성물, 빨강 스티커 1장, 파랑 스티커 1장

달 모양과 고슴도치를 선택했구나.

파랑 스티커다!

뒤로 1칸 보내자.

❶ 주사위의 요정 캐릭터 2개를 선택한 후 각각 빨강, 파랑 스티커를 붙여준다.

❷ 파랑 스티커를 붙인 요정을 찾으면 나무타일을 한 번 더 뒤집을 수 있다.

❸ 빨강 스티커를 붙인 요정을 찾으면 1개의 마법사를 뒤로 1칸 보낸다. 다른 규칙은 본게임과 같다.

할리갈리

 인원 2~6명
시간 15분

구성물

과일 카드 56장, 종

이런 것을 배울 수 있어요

◇ 집중력과 관찰력을 높일 수 있어요.
◇ 순발력과 기억력을 키울 수 있어요.
◇ 수 연산을 할 수 있어요.
◇ 패턴을 이해할 수 있어요.

| 이런 활동을 해요 |

놀이명	사전활동	사전게임	본게임
	나는 디자이너	과일 한 상자	종을 울려라
놀이목적	색깔, 숫자, 모양의 패턴 이해하기	과일 12개 모으기	같은 과일 5개 찾기

1 ⬙ 사전활동 : 나는 디자이너

☞ 패턴을 이해하고 만들 수 있다.

"나는 맛있는 과일을 예쁘게 디자인하는 디자이너예요!"

준비물

과일 카드 56장

그림이 잘 보여야 해.

일정한 패턴을 만들어보자!

완성!
나는 딸기!

❶ 카드를 테이블 중앙에 그림이 보이도록 펼쳐놓는다.

❷ 자기 순서에 1장씩의 카드를 가져와 그림이 보이게 놓는다.

❸ 6장으로 한 가지의 패턴을 만들어 이야기를 해본다.

2 ✕✕✕ | 사전게임 : 과일 한 상자

☞ 같은 색깔 과일 12개를 한 상자로 만들면서 더하기를 할 수 있다.

"상자에 예쁜 과일이 가득! 과일 상자에 몇 개의 과일이 담겨 있을까?"

준비물

과일 카드 56장, 종

내 과일은 '딸기'와 '바나나'

버릴 카드는 한쪽에 모아놓자!

잘 구분해봐.

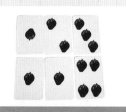

딸기 한 상자요~

❶ 테이블 중앙에 그림이 보이지 않는 카드 더미와 종을 놓고 순서를 정한다. 각자가 패턴을 만들 과일 2가지를 정한다.

❷ 자기 순서에 더미에서 카드 1장을 가져와 자신의 과일이면 펼쳐놓고 아니면 한쪽에 버린다. 더미의 카드가 떨어지면 섞어서 다시 사용한다.

❸ 선택한 2가지의 과일로 구분하여 놓는다.

❹ 과일 12개 한 상자가 완성되면 종을 치고 승리한다.

"보고~ 종 치고~ 가지고 ~ 같은 과일이 다섯 개가 보이면 빨리 종을 쳐서 가져가세요!"

준비물

과일 카드 56장, 종

종을 가운데에 두자.

펼칠 땐 내 카드의 위쪽을 잡고 펼쳐야 해!

라임 5! 땡!!

❶ 카드를 테이블 중앙에 그림이 보이도록 펼쳐놓는다.

❷ 순서를 정하고 1장의 카드를 자신의 카드 더미 앞쪽으로 펼친다.

❸ 펼쳐진 카드에서 같은 과일의 합이 5가 되면 종을 친다.

내가 먼저 종을 쳤어!

❹ 먼저 종을 친 사람이 펼쳐진 카드를 모두 가져가서 자기 카드 더미의 아래에 넣는다.

실수ㅜㅜ
내 카드 1장 받아~

❺ 같은 과일의 합이 5가 되지 않았는데 종을 쳤다면 상대에게 자신의 카드 1장을 나눠준다.

게임을 계속해볼까?

❻ 종을 친 사람부터 다시 카드를 펼쳐 게임을 이어간다.

누구 카드가 더 많나?

❼ 누군가의 카드 더미에 카드가 모두 없어지면 게임이 끝나고, 카드를 많이 획득한 사람이 승리한다.

2는 짝수!
종을 치자!

Tip1 과일의 합이 짝수(2,4,6,8,10)라면 종을 치고 카드를 획득할 수 있다.

귀를 잡고 삐약삐약~

Tip2 왼손으로 자신의 왼쪽 귀를 잡고 게임을 한다. 종을 칠 때에도 왼손을 귀에서 떼면 안 된다.

마법의 미로

 인원 2~4명
시간 20분

구성물

마법 심볼 24개, 주머니 1개, 나무
벽 24개, 주사위 1개, 마법사 말(노
란색, 파란색, 빨간색, 녹색) 4개, 금
속구슬 4개, 게임판

이런 것을 배울 수 있어요

◇ 상상력과 호기심을 키울 수 있어요.
◇ 기억력과 집중력을 키울 수 있어요.
◇ 공간 지각력을 키울 수 있어요.

| 이런 활동을 해요 |

놀이명	사전활동	사전게임	본게임	사후게임
	수리수리 마수리	모험을 떠나요	나는야 꼬마 마법사	스피드 미로 탈출
놀이목적	상상하며 이야기 꾸미기	벽을 피해 미로 빠져나가기	미로를 기억하며 마법심볼 획득하기	새로운 길 만들기

1 ✕✕✕ | **사전활동** : 수리수리 마수리

☞ 마법사에 대해 알아보고 마법주문을 만들 수 있다.

"수리수리 마수리 얍! 마법의 힘이여 솟아라! 어둠이여 사라져라!"

준비물

게임판, 마법 심볼 24개, 이야기책(게임설명서)

마법의 주문을 어떻게 만들까?

❶ 이야기를 읽고 마법사에 대해 이야기한다.

고양이는 어떤 마법을 쓸까?

❷ 마법 심볼을 살펴보고 마법 능력을 이야기한다.

수리수리 마수리!

❸ 심볼 3개를 고른 후에 나만의 마법 주문을 만든다.

96

2

✕✕✕ | ## 사전게임 : 모험을 떠나요

☞ 벽의 위치를 기억하며 미로를 찾을 수 있다.

"친구 집까지 가는 길에는 보이지 않는 벽들이 많아요. 벽을 피해 친구 집에 도착해보아요."

준비물

나무벽 24개, 마법사 말 (빨간색, 파란색) 2개, 금속구슬 2개, 게임판 1개

마법사가 통과할 수 있게 만들어야 돼!

대각선으로 서보자.

이제 친구 집으로 출발해볼까?

도착

친구집 도착! 친구야 안녕!

❶ 규칙서를 보고 미로판에 나무벽을 세워주고 위에 문양이 그려진 판을 올린다.

❷ 네 귀퉁이 중 하나를 선택하여 말을 놓고 아래에 금속구슬을 붙여준다.

❸ 상대방 집으로 빠르게 이동한다. 금속구슬이 도중에 떨어진다면 출발점으로 다시와 쇠구슬을 붙이고 차례를 넘긴다.

❹ 구슬이 떨어지지 않고 상상대방 집에 도착하면 게임은 끝나고 먼저 도착한 사람이 승리한다.

3 ⋙ 본게임 : 나는야 꼬마 마법사

☞ 길을 기억하여 마법 심볼을 찾을 수 있다.

"벽이 사라지고 길이 열리면 마법 심볼을 얻을 수 있어요. 자, 이제 모험의 길을 떠나볼까요?"

준비물

마법 심볼 24개, 주머니 1개, 나무벽 24개, 주사위 1개, 마법사 말(빨간색, 파란색) 2개, 금속구슬 2개, 게임판 1개

step 1 게임을 준비해요(2인 예시)

❶ 미로판에 나무벽을 세우고 문양판을 올린다.
❷ 마법사 말을 선택하고 게임판 네 귀퉁이에 세운 후 아래에 금속구슬을 붙여준다.
❸ 마법 심볼 24개를 넣은 주머니와 주사위를 게임판 한쪽에 놓는다.

같은 그림을 찾아보자.

❶ 주머니에서 마법 심볼을 하나 뽑아 문양이 그려진 판에 같은 그림 위에 올려놓는다.

말은 상하좌우로만 갈 수 있고 대각선 이동은 안 돼.

❷ 굴려서 나온 주사위 수만큼 말을 빠르게 움직인다. 도착한 곳에 심볼이 없다면 말을 멈추고 차례를 넘긴다.

4가 나왔지만 3칸만 이동해야지.

❸ 도착한 곳에 마법 심볼이 있다면 획득하고 주머니에서 새로운 마법 심볼을 하나 꺼내 게임판, 같은 그림 위에 올려놓고 차례를 마친다.

1칸에 2명의 마법사가 서 있을 수 없어.

❹ 도착한 곳에 상대편 말이 있다면 다른 곳으로 이동한다.

금속구슬을 말 아래 둬야 해!

❺ 벽에 부딪혀 금속구슬이 떨어지면 말을 출발점으로 이동시키고 금속구슬을 찾아 말 아래에 붙인다.

마법 심볼 5개 획득!

❻ 마법 심볼 5개를 모은 사람이 승리한다.

4 ✕✕✕ 사후게임 : 스피드 미로 탈출
☞ 벽의 위치를 기억하고 미로를 탈출할 수 있다.

"벽들을 세우고 알쏭달쏭 미로를 만들어 빠르게 탈출해보아요."

준비물

나무벽 24개, 마법사 말 (빨간색, 파란색) 2개, 금속구슬 2개, 게임판 1개

벽의 위치를 잘 기억해두자!

어디로 가야 탈출할 수 있을까?

성공했다!

❶ 미로판에 나무벽을 세운다. 벽을 만든 사람이 출발점과 도착점의 위치를 알려준다.

Tip 세 번의 도전 기회와 한 번의 미로 보기 기회를 준다.

❷ 5초간 미로를 본 다음 문양이 그려진 판을 위에 올리고, 마법사 말도 각자 위치에 놓는다.

❸ 벽에 부딪히지 않고 도착했다면 성공!

다빈치코드

인원 2~4명
시간 15분

구성물

흰색 타일 13개, 검은색 타일 13개

이런 것을 배울 수 있어요

✧ 숫자 배열을 할 수 있어요.
✧ 논리적인 추리력을 키울 수 있어요.
✧ 소근육 발달과 균형감각을 향상시킬
   수 있어요.

 이런 활동을 해요

놀이명	사전게임	본게임	사후게임
	줄을 서시오	비밀 코드를 풀어라	아슬아슬 탑 쌓기
놀이목적	규칙 이해하기	숫자 추리하기	균형감각 익히며 탑 쌓기

"흰색, 검정색 숫자 병정들이 함께 어울려 놀고 있어요. 작은 수부터 큰 수까지 순서에 맞게 줄을 세워 보아요."

준비물

숫자 타일 0~11(흰색 12개, 검정색 12개, 조커 타일 2개는 제외)

각자 12개씩!

검은색은 왼쪽, 흰색은 오른쪽

다빈치! 다 세웠어!

❶ 타일을 뒤집어놓고 12개씩 나누어 갖는다. 시작과 동시에 자기의 타일을 세운다.

❷ 타일을 세우는 규칙은 왼쪽부터 작은 수, 오른쪽으로 갈수록 큰 수로 둔다. 같은 숫자일 때에는 검은색을 왼쪽, 흰색을 오른쪽에 둔다.

❸ 누군가 "다빈치"라고 외쳤다면 맞게 세웠는지 확인하고 먼저 "다빈치"를 외친 사람이 승리한다.

2 ✕✕ | 본게임 : 비밀 코드를 풀어라

☞ 보이지 않는 숫자를 추리할 수 있다.

"정해진 숫자 안에서 내가 가진 숫자만 보고 모든 숫자를 맞추어야 해요. 잘 생각해보면 보이지 않는 숫자가 보일 거예요."

준비물

숫자 타일 0~11(흰색 12개, 검정색 12개, 조커 타일 2개는 제외)

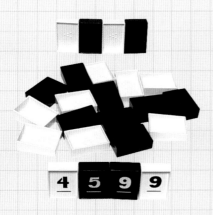

step 1 게임을 준비해요

❶ 24개의 타일을 숫자가 보이지 않도록 뒤집어서 테이블 중앙에 놓는다.

❷ 각자 4개의 타일을 가져온다.

❸ 자신의 왼쪽부터 낮은 수를 놓아 오른쪽에 큰 수가 오도록 놓는다.

❹ 같은 수의 타일은 검은색 타일을 왼쪽에, 흰색 타일을 오른쪽에 놓는다.

103

step 2 게임을 시작해요

가져온 타일도 순서에 맞게
세워야 해!

그것 흰색 8이지?

8이 아닙니다. 방금
가져간 타일 공개하세요.

틀렸네! 어떤 타일을 공개하지?

① 바닥타일 중 1개를 가져온
다. 세워놓은 타일 사이에
순서에 맞게 세우는데 살
짝 앞쪽에 세워 지금 가져
온 타일임을 표시한다.

② 상대의 타일 중 하나를 정
확히 가리키며 숫자를 묻는
다. 맞췄다면 상대의 그 타일
을 숫자가 보이도록 공개하
고 틀릴 때까지 추리해간다.

③ 만약 틀렸다면 자신이 방
금 가져온 타일을 숫자가
보이도록 공개한다. 또는
추리를 멈추고 '패스'를 외
친 후, 방금 가져온 타일을
공개하지 않고 순서를 넘
긴다.

④ 가져올 바닥타일이 없을
때는 바로 추리를 시작하
고, 틀렸을 때는 자신의 타
일 중에서 선택하여 하나
를 공개해야 한다.

step 3 게임을 끝내요

아직 공개되지 않은 타일이 있어.

마지막까지 타일이 공개되지 않은 사람이 승리한다.

Tip 조커를 사용해요

"이것 검정색 조커지?"라고 정확히 추리해야 해!

본게임에 조커타일 2개를 포함하여 게임을 한다. 게임
방식은 동일하다.

3 ✕✕✕ | 사후게임 : 아슬아슬 탑 쌓기

☞ 쓰러지지 않도록 타일을 쌓을 수 있다.

"높이 더 높이, 숫자 탑을 쌓아보아요. 신중하게 더 신중하게!"

준비물

숫자 타일 0~11(흰색 12개, 검정색 12개), 조커 타일 2개, 동전 1개, 색종이 (7x7cm) 1장

순서를 정해볼까?

❶ 테이블 중앙에 색종이와 타일을 펼쳐놓고 순서를 정한다.

동전의 앞면은 1개, 뒷면은 2개의 타일을 쌓아야 해!

❷ 동전를 던지고 색종이 위에 탑을 쌓는다.

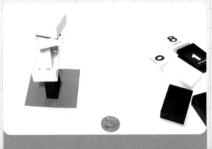

쌓을수록 탑이 기울어지네~

❸ 쌓다가 탑을 쓰러뜨리는 사람이 게임에서 진다.

105

레오

인원 2~5명
시간 30분

구성물

길 타일 30장, 이동 카드 20장, 출발지 타일 1장, 목적지 타일 1장, 머리 타일 5장, 시계 타일 1장, 나무말 1개, 똑딱 단추 1개

이런 것을 배울 수 있어요

◇ 기억력을 향상시킬 수 있어요.
◇ 색과 수의 구분을 할 수 있어요.
◇ 협동하여 문제를 해결할 수 있어요.
◇ 시간의 개념을 알 수 있어요.

| 이런 활동을 해요 |

놀이명	사전활동	본게임	사후게임
	뒤집고 외쳐요	레오! 늦기 전에 도착할 수 있을까?	12시가 되면?
놀이목적	색깔, 동물 이름, 숫자 외치기	기억력으로 문제 해결하기	덧셈과 시간개념을 알기

"하나 둘 셋! 하면 길을 뒤집고 상대방의 카드를 빨리 봐야 해요. 상대방의 카드가 어떤 색깔인지, 어떤 동물인지, 어떤 숫자인지, 먼저 외쳐보아요."

준비물

길 타일 20장(표지판 타일 제외)

타일의 길을 잘 살펴보자! 동물, 숫자, 색깔이 있어.

동물! 하나 둘 셋!

몇 개를 획득했을까?

❶ 길 타일에 어떤 그림이 있는지 살펴보고 뒤집어서 자유롭게 연결한다. 시작플레이어는 동물, 숫자, 색깔 중 하나를 선택해야 한다.

❷ 시작 플레이어가 제시어를 외치면 동시에 자신 앞에 타일을 1장 뒤집는다. 제시어에 맞는 단어를 먼저 외친 사람이 뒤집은 타일 2장을 모두 갖는다.

❸ 이긴 사람이 제시어를 다시 선택하고 게임을 반복한다. 더 이상 뒤집을 타일이 없으면 끝이 나고 타일을 많이 획득한 사람이 승리한다.

2 ✕ 본게임 : 레오! 늦기 전에 도착할 수 있을까?

☞ 카드의 색깔과 숫자를 기억하고 협동하여 문제를 해결할 수 있다.

"갈기가 멋진 레오의 미용실 가기 대작전! 8시가 넘으면 미용실이 문을 닫는대요. 레오를 미용실까지 무사히 보내기로 해요."

준비물

길 타일 30장(표지판 5장, 얼룩말 5장, 코뿔소 5장, 악어 5장, 앵무새 5장, 암사자 5장) 이동 카드 20장, 출발지 타일 1장, 목적지 타일 1장, 머리 타일 5장, 시계 타일 1장, 나무 말 1개, 똑딱 단추 1개

step 1 게임을 준비해요(4인 예시)

❶ 길 타일을 섞어 뒷면으로 길을 연결한다.

❷ 출발점에는 레오의 침대를 놓고 그 위에 레오 말을 올려놓는다. 레오의 머리 타일과 갈기 타일을 옆에 둔다.

❸ 도착점에는 보보네 미용실을 놓는다.

❹ 이동 카드는 잘 섞어서 인원수대로 모두 나눠 갖고 다른 사람이 안 보이게 둔다.

❺ 시계는 단추를 조립하여 8시를 가리키게 한다.

레오를 이동시키자.

❶ 손에 든 이동 카드 중 1장을 골라 내고 카드의 숫자만큼 레오를 이 동시킨다.

표지판 타일이 나와도 시간은 흐르지 않아!

❷ 내가 낸 카드와 뒤집은 타일의 색 깔이 같거나 표지판 모양일 경우 시곗바늘이 움직이지 않는다.

레오가 악어를 만나 이야기하느라 3시간이 흘렀어.

❸ 내가 낸 카드와 뒤집은 타일의 색 깔이 다르다면 타일에 표시된 시 간만큼 시곗바늘을 움직인다.

하루가 지나자 사자의 갈기가 자랐어.

❹ 게임 도중 시곗바늘이 8시를 지 나는 순간 레오는 다시 출발지로 돌아가고 머리 타일에 갈기를 하 나 붙인 뒤 다음 날을 준비한다.

길 타일 색깔을 잘 기억해두자!

❺ 다음 날 준비 : 이동 카드를 모두 섞어서 나눠 갖고 공개된 길을 다 시 뒤집는다. 이때 길 타일의 위치 를 바꿀 수 없다. 시곗바늘은 다시 8시로 맞춘다.

4일째에 보보네 미용실에 도착했어. 하루만 더 지났다면 실패할 뻔했어!

❻ 같은 방법으로 게임을 진행하다가 8시가 되기 전에 미용실에 도착 하면 모두 승리! 다섯째 날이 끝날 때까지 미용실에 도착하지 못하면 모두 패배!

109

☞ 덧셈을 하고 시곗바늘을 움직여보면서 시간의 흐름을 이해할 수 있다.

레오야~ 레오야~ 지금 몇 시니? 12시가 되면 시간이 멈추고 벌칙이 찾아 온대.

준비물

길 타일 30장, 시계 타일

1시부터 시작!

3시+5시=8시

8+4=12시가 되었어!
코끼리 코 5바퀴 돌기.

❶ 1시가 그려진 얼룩말 타일을 기준카드로 내려놓고 시곗바늘을 1시로 맞춘다. 각자 더미를 만들고 3장씩 가져가 손에 든다.

❷ 시작플레이어는 타일 중 1장을 낸 뒤 기준 타일 '1'과 덧셈을 한 후 시곗바늘을 움직인다. 더미에서 1장을 보충한 후 순서를 넘긴다. 다음 사람은 앞사람이 만든 시간에서 자신이 낸 카드를 더하고 시곗바늘을 움직인다.

❸ 자신의 순서에 12시를 만드는 사람은 상대방에게 벌칙을 줄 수 있다. 덧셈을 하다가 12시가 넘어가면 넘어간 숫자에서 다시 시작한다.

Tip 벌칙은 코끼리 코 만들어 돌기, 간지럼 태우기, 안마하기 등 아이랑 함께 정한다.

배틀쉽

인원 2~4명
시간 15분

구성물

목초지 보드 16개, 양 토큰 64개(각 색깔별 16개)

이런 것을 배울 수 있어요

◇ 전략을 세울 수 있어요.
◇ 관찰력을 키울 수 있어요.
◇ 공간지각능력을 키울 수 있어요.

 | 이런 활동을 해요 |

놀이명	사전활동	본게임	사후게임	사후활동
	표정을 읽어요	양들의 전쟁	움직이는 풀밭	몸으로 말해요
놀이목적	이야기 만들기	전략 세우기	전략적으로 응용하기	표현하고 맞추기

1 ✕✕✕ | 사전활동 : 표정을 읽어요

☞ 관찰력과 표현력을 기를 수 있다.

"사람의 표정이 다양하듯 양들도 다양한 표정으로 감정 표현을 할 수 있어요. 양의 표정을 보고 기분을 맞춰보아요."

준비물

한 가지 색 양 토큰 16개

양들의 표정이 다양하네?

룰루랄라~ 날씨도 좋구나.

"오늘은 좋은 날~
놀이동산에 가야지!, 힝~ 비 오잖아?"

❶ 한 가지 색깔의 양 토큰(16개)을
준비한다.

❷ 양의 표정을 보고 이야기를 만들어
본다.

❸ 여러 가지의 표정을 연결하여 이야
기한다.

"고요하고 푸른 초원에 양 떼들이 몰려와 목초지를 서로 차지하려고 한대요. 어떤 방법으로 목초지를 차지할 수 있을까요?"

준비물

목초지 보드 8개, 양 토큰 (2가지 색 각 16개)

step 1 게임을 준비해요(2인 예시)

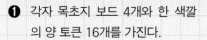

목초지 보드와 양 토큰을 준비하자.

양들이 뛰어놀 푸른 목초지를 만들어주자!

16개를 한 더미로!

❶ 각자 목초지 보드 4개와 한 색깔의 양 토큰 16개를 가진다.

❷ 목초지 보드 1장씩을 번갈아가면서 놓아 게임판을 만든다. 이때 이미 놓여 있는 보드와 한 면 이상이 연결되게 놓아야 한다.

❸ 각자의 양 토큰 16개를 한 더미로 쌓아 목초지의 가장자리 중 한 칸에 놓는다.

step 2 게임을 시작해요

몇 개를 옮길까?

3칸
1칸
4칸
2칸

네 곳 중 한 곳으로만 갈 수 있어!

이 무리들은 더 이상 움직일 수 없어.

1 자기 양 무리 중 하나를 골라 한 마리 이상의 양을 남기고 원하는 만큼을 손에 쥔다.

2 손에 쥔 양 토큰의 방향을 정하여 연결된 목초지 직선의 끝 또는 직진하다가 만나는 양의 앞 빈칸에 놓는다.

3 양을 뛰어 넘을 수 없기 때문에 자기 양이나 다른 양들에게 포위되었다면 그 양의 무리는 모두 움직일 수 없다.

step 3 게임을 끝내요

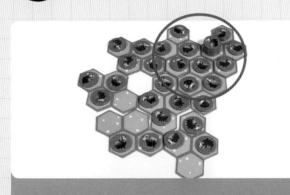

게임이 끝났어.

동점일 때

연결된 양들만 세볼까?

1 양을 모두 놓거나, 아무도 자기 양을 움직일 수 없다면 게임이 종료된다. 자신의 양이 목초지 칸을 많이 차지한 사람이 승리한다.

2 동점일 때에는 연결된 양의 수가 많은 사람이 승리한다.

3 ✖ 사후게임 : 움직이는 풀밭

☞ 양을 많이 놓기 위해 목초지를 옮길 수 있다.

"땅이 움직여요. 내 양들을 보호하기 위하여 부지런히 달려요."

준비물

목초지 보드 16개, 양 토큰 64개(검정색, 흰색, 빨간색, 파란 색 각 16개)

목초지 보드와 양 토큰을 준비하자.

이런! 갇히기 빈 목초지를 옮기자!

게임 종료!

❶ 게임 준비와 기본 규칙은 본게임 '양들의 전쟁'과 동일하다.

❷ 내 차례에 양 토큰을 옮기지 않고 1회에 한하여 목초지 1장을 원하는 곳에 옮길 수 있다.

❸ 양을 모두 놓거나, 아무도 자기 양을 움직일 수 없다면 게임이 종료된다.

4 ✕✕✕ | 사후활동 : 몸으로 말해요

☞ 양의 표정과 동작을 몸으로 표현할 수 있다.

"양 토큰을 보고 재미있는 표정을 흉내 내어보아요. 어떤 양을 표현하는 걸까요?"

준비물

2가지 색깔 양 토큰 32개, 주머니

파란색 양 토큰은 바깥에~

"이 표정을
알아맞혀 보세요."

윙크하는 양!

❶ 한 가지 색깔의 양 토큰 16개는 주머니에 담고 다른 색깔의 양 토큰 16개는 앞에 펼쳐놓는다.

❷ 주머니에서 양 토큰 1개를 꺼내어 자신만 보고 양의 표정과 동작을 몸으로 흉내 낸다.

❸ 상대방은 어떤 양을 흉내 내는지 토큰에서 찾는다.

블로커스

인원 2~4명
시간 20분

구성물

게임판 1개, 블록 84개(빨강, 파랑, 초록, 노랑 타일 각 21개씩)

이런 것을 배울 수 있어요

◇ 공간지각능력을 키울 수 있어요.
◇ 도형의 꼭짓점과 변을 알 수 있어요.

| 이런 활동을 해요 |

놀이명	사전활동	사전게임	본게임	사후게임	사후활동
	모양 만들기	길을 연결해요	꼭짓점을 연결해요	엄마랑 테트리스	데칼코마니
놀이목적	폴리오미노 이해하기	목적지를 찾아 가는 여러 길 만들기	주어진 타일을 전략적으로 배치하기	공간 채우기	대칭 만들기

☞ 폴리오미노를 분류하며 모양을 이해하고 다양한 모양을 만들어본다.

"블록조각의 개수에 따라 다른 이름이 있어요."

준비물

게임판 1개, 블록 84개 (빨강, 파랑, 초록, 노랑 타일 각 21개씩)

1조각은 모노미노, 2조각은 도미노, 3조각은 트로미노, 4조각은 테트로미노, 5조각은 펜토미노!

무슨 모양일까?

❶ 정사각형의 개수에 따라 조각을 분류한다.

❷ 다양한 모양을 만들어본다.

"목적지에 빨리 도착하기 위해 블록조각을 사용하여 길을 만들어보아요."

준비물

게임판 1개, 블록 84개
(빨강, 파랑, 초록, 노랑
타일 각 21개씩), 주사위

주사위를 굴려보자.

내 블록 먼저 도착!

❶ 출발점을 정하고 목적지를 확인한다. 내 순서에 주사위를 던져 주사위에 나온 숫자에 해당하는 블록으로 꼭지점을 연결하여 길을 만든다. 주사위가 6이 나오면 원하는 블록을 선택하여 사용한다.

❷ 대각선 도착지에 먼저 도착하면 승리한다.

119

3 ✕✕ | 본게임 : 꼭짓점을 연결해요

☞ 도형의 변과 꼭짓점을 알 수 있다. 공간을 전략적으로 활용할 수 있다.

"콕콕 찌르는 꼭짓점을
연결하여 내 땅을 넓혀
요."

준비물

게임판 1개, 블록 84개
(빨강, 파랑, 초록, 노랑
타일 각 21개씩)

step 1 게임을 준비해요(4인 예시)

❶ 게임판을 테이블 중앙에 둔다.

❷ 각자 색깔을 정하고 21조각의 블록을 자기 앞으로 둔다.

❸ 각자 게임판의 네 모서리 중 한 곳을 시작점으로 정한다.

❹ 순서를 정한다.

Tip 2인용일 경우 두 색깔을 번갈아가며 진행한다.

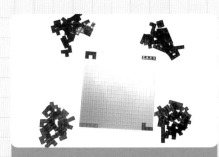

각자 블록을 하나씩 놓아보자.

❶ 순서대로 첫 번째 블록을 놓는다. 첫 번째 블록은 꼭 시작점의 면을 덮는다.

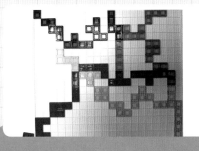

꼭 내 꼭짓점에 연결할 수 있어.

❷ 순서대로 자신의 블록조각을 하나씩 놓는다. 꼭 꼭짓점에 닿도록 연결한다.

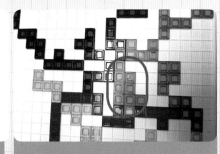

초록색 블록들의 변이 닿았네.

❸ 내 블록끼리는 변이 닿아서는 안된다.

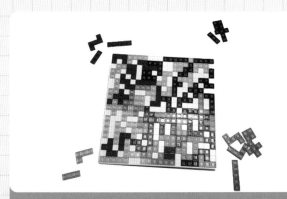

엄마는 더 이상 놓을 곳이 없네! 기권~

❹ 더 이상 블록을 놓을 자리가 없으면 게임을 마치고 다음 사람에게 순서를 넘긴다. 모든 플레이어가 더 이상 블록을 놓을 자리가 없으면 게임은 종료된다.

빨강블록은 13점이군!

❺ 남아 있는 블록조각의 네모칸 수를 세어 가장 적은 사람이 승리한다.

4 ✕✕✕ | 사후게임 : 엄마랑 테트리스

☞ 블록조각으로 공간을 빈틈없이 채울 수 있다.

"추억의 테트리스 게임을 즐겨보아요."

준비물

게임판, 2가지 색깔블록 (각 21개씩), 마스킹 테 이프

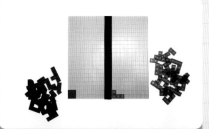

왼쪽은 엄마 땅!

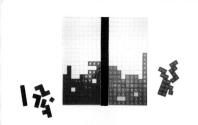

빈틈없이 채워보자.

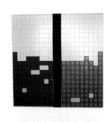

빨강은 6줄, 초록은 7줄 완성이네.

❶ 테이프를 붙여 영역을 나눈다. 순서를 정하고 시작 블록을 선택하여 자신의 영역 모서리에 놓는다.

❷ 2번째부터는 상대방이 선택해준 블록을 이용하여 빈틈없이 채워나간다.

❸ 조각을 모두 사용하면 게임은 종료되고, 빈틈없이 채워진 가로줄의 수가 많은 사람이 승리한다.

5 ✕✕ | 사후활동 : 데칼코마니

☞ 대칭구조를 이해하고 모양을 만들 수 있다.

"잃어버린 나의 반쪽을 찾아주세요. 어떤 모양이 완성될까요?"

준비물

게임판, 2가지 색깔블록 (각 21개씩), 마스킹 테이프

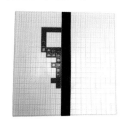

눈을 감고 있어. 엄마가 문제를 내볼게.

이게 뭘까?

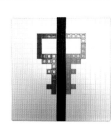

'열쇠' 같이 생겼네.

❶ 테이프를 붙여 영역을 나눈다. 블록을 이용하여 모양을 만든다.

❷ 상대방이 만든 모양을 관찰하여 대칭 모양을 완성시킨다.

❸ 완성된 모양을 보고 이름을 지어본다.

PART 3

엄마아빠와 함께!
이제부터 나는 보드게임 왕!
 **추천 보드게임**

뒤죽박죽 서커스

 인원 2~4명
시간 15분

구성물

무대(게임판) 3개, 캐릭터(나무 말)
9개, 카드 48장

이런 것을 배울 수 있어요

◇ 집중력과 균형감각을 키울 수 있어요.
◇ 전략적 사고력을 키울 수 있어요.

| 이런 활동을 해요 |

놀이명	사전게임	본게임	사후게임
	나처럼 해봐요! 요렇게	최고의 순간, 찰칵!	말하는 대로~
놀이목적	카드의 유형 익히기 (Ⅰ , Ⅱ , Ⅲ , Ⅳ)	미션 완성하기	논리적 사고로 점수 얻기

1 ✖ | 사전게임 : 나처럼 해봐요! 요렇게

☞ 카드의 순서에 맞게 캐릭터를 올려놓을 수 있다.

"오늘은 서커스 공연이 있는 날. 서커스 단원들의 멋진 묘기를 따라 해봐요."

준비물

무대(게임판) 3개, 캐릭터 (나무 말) 9개, 카드 48장

카드의 종류가 4가지나 되네?

같은 순서로 쌓아보자.

순서와 상관없이 쌓아봐!

❶ 카드를 비슷한 유형별로 분류한다.

❷ 두 캐릭터를 그림과 같은 순서로 쌓는다. 위아래 어떤 캐릭터가 있어도 된다.

❸ 세 캐릭터를 표시된 색깔의 무대 위에 순서와 상관없이 쌓는다. 어떤 캐릭터가 끼어 있어도 된다.

원숭이가 맨 아래에 있네?

해당 높이에 놓아야 해.

이건 어떻게 쌓아야 할까?

❹ 세 캐릭터를 카드 순서대로 쌓는다. 위아래 중간에 어떤 캐릭터가 있어도 된다.

❺ 해당 캐릭터를 해당 높이에 놓아야 한다. 위아래 어떤 캐릭터가 있어도 되며 캐릭터 위에 하나 이상의 캐릭터는 꼭 있어야 한다.

❻ 카드를 섞고 카드 1장을 펼쳐 모든 캐릭터를 이용하여 카드에 맞게 쌓는다.

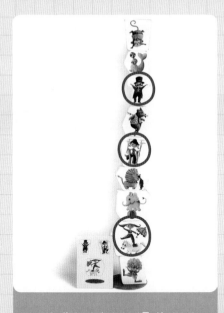

무대 색과 캐릭터 순서를 살펴보자.

중간에 다른 캐릭터가 있어도 괜찮아.

반드시 두 캐릭터가 연결되어야 해.

❼ 다른 유형의 카드를 펼쳐 모든 캐릭터를 이용하여 카드에 맞게 쌓는다.

2 ✕✕✕ 본게임 : 최고의 순간, 찰칵

☞ 캐릭터들을 전략적으로 움직여 카드의 배치와 일치하도록 만들 수 있다.

"찰칵찰칵! 서커스단의 멋진 순간을 기억에 남겨보아요."

준비물

무대(게임판) 3개, 캐릭터(나무 말) 9개, 카드 48장

step 1 게임을 준비해요

❶ 무대 3개를 서로 떨어뜨려놓고 주변에 캐릭터 9개를 놓는다.

❷ 카드를 섞어 뒷면이 보이게 더미를 만들고, 각자 4장씩 받는다.

한 번에 한 가지 행동만!

캐릭터 하나만 옮겨야 해.

❶ 내 차례가 되면 카드와 일치하도록 캐릭터를 옮긴다. 자기 차례에 기회는 한 번에 한 가지 행동만 선택한다.

❷ 무대 밖 캐릭터를 빈 무대에 놓거나 무대 위 캐릭터의 맨 위에 놓는다.

엄마가 방금 옮긴 캐릭터는 원래 위치로 되돌릴 수 없단다.

찰칵!

❸ 무대 위 캐릭터 중 하나를 골라 그 위에 쌓인 캐릭터들과 함께 다른 무대의 맨 위에 놓는다.

❹ 게임 중 아무 때나 캐릭터의 배치가 카드와 일치하면 "찰칵"을 외치고 카드를 보여준다.

내 카드와 일치했어.

❺ 일치하면 내 앞에 내려놓고 손에 카드를 4장이 되도록 채운다. 틀렸다면 보여준 카드를 다시 가져간다.

항상 4장을 갖고 있어야 해.

❻ 여러 장을 한꺼번에 내려놓을 수 있고, 손에는 항상 4장이 되도록 채운다. 만약 가져온 카드가 캐릭터와 일치하면 바로 내려놓는다.

우당탕~~ 떨어졌네!

❼ 캐릭터를 옮기다가 떨어뜨리면 캐릭터는 무대 옆에 놓고, 획득한 카드 중 1장을 더미 아래 넣는다.

7장 카드 획득~

❽ 7장의 카드를 먼저 획득하면 게임에서 승리한다.

"서커스단 캐릭터들을 몇 번 움직여 원하는 배치로 만들 수 있는지 생각해보아요."

준비물

무대(게임판) 3개, 캐릭터(나무 말) 9개, 카드 37장(무대가 있는 카드는 제외)

한 번!

기회는 단 한 번뿐!

누가 더 카드를 많이 모았을까?

❶ 각각의 무대 위에 캐릭터를 3개씩 올려놓는다. 카드 한 장을 펼친 후, 카드와 같은 배치를 만들기 위한 캐릭터의 이동 횟수를 외친다.

❷ 배치와 일치하면 카드를 획득하고 새로운 더미카드를 펼친다.

❸ 실패 시 캐릭터들을 되돌려놓고 다음 사람에게 기회를 넘긴다. 게임 종료 후 카드를 많이 획득한 사람이 승리한다.

딕싯

인원 3~6명
시간 30분

구성물

그림카드 84장, 토끼 말 6개,
숫자토큰 36개, 점수판

이런 것을 배울 수 있어요

✧ 상상력과 표현력을 키울 수 있어요.
✧ 상대방의 이야기를 듣고 공감할 수 있어요.
✧ 이야기를 꾸미며 유추할 수 있어요.

| 이런 활동을 해요 |

놀이명	사전활동 1	사전활동 2	본게임	사후게임	사후활동
	기분을 말해요	상상나라 딕싯 이야기	내 마음을 맞춰봐	2인용 딕싯	딕싯 작품 전시회
놀이목적	감정단어 알기	꾸며 말하기	공감하기와 심리 추리하기		이미지를 글로 표현하기

1 ⬡ 사전활동 1: 기분을 말해요

☞ 기분과 감정을 나타내는 단어들을 알아보고 그림카드를 분류해볼 수 있다.

"오늘 기분이 어때요? 나의 기분을 그림카드로 말해보아요."

준비물

그림카드 84장, 2절지

84장의 그림 중 같은 그림은 하나도 없어!

하늘을 나는 것처럼 기분이 좋아!

감정을 나타내는 말들은 뭐가 있을까?

❶ 딕싯 그림카드를 펼쳐서 살펴보고 느끼는 대로 표현해본다.

❷ 각자의 기분과 어울리는 그림카드를 1장씩 고르고 이유를 말해본다. 기분을 나타내는 다른 카드들도 골라 이야기해본다.

❸ 종이에 감정을 나타내는 단어들을 적는다. 그림카드 20장을 감정 단어와 어울리는 곳에 분류해보고 이유를 말해본다.

2 ✕✕✕ | 사전활동 2 : 상상나라 딕싯 이야기

☞ 같은 그림을 다양한 시각으로 바라보고 상상하여 표현해볼 수 있다.

"따로 또 같이! 같은 그림을 보아도 사람마다 생각이 다를 수 있어요."

준비물

그림카드 84장

모험심이 많은 한 탐험가가 숲으로 둘러싸인 비밀의 마을을 발견했는데~

각자 이야기를 만들어봐.

달팽이 2마리가 만나는 날! 갑자기 비가 내리기 시작했어. 그런데~

❶ 각자 4장의 딕싯 카드를 고른다. 그림을 보고 연상되는 이야기를 만들어본다.

❷ 같은 그림 4장으로 서로 다른 이야기를 만들어본다.

❸ 더미 10장을 만들어놓고 번갈아가며 뒤집고 이야기를 꾸민다. 문장이 끝날 때 접속사를 붙여 순서를 넘기고 다음 사람이 카드를 뒤집고 이야기를 이어간다.

135

3 ✕✕ 본게임 : 내 마음을 맞춰봐

☞ 이미지를 다양한 방법으로 표현할 줄 알며 상대의 심리를 추리하여 공감할 수 있다.

"이야기꾼의 마음을 맞춰 봐요. 이야기 속에 힌트가 있을 거예요."

준비물

점수판, 카드 84장, 숫자토큰 36개, 토끼 말 6개

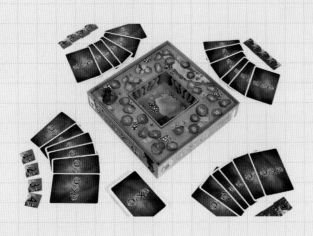

step 1 게임을 준비해요(4인 예시)

❶ 중앙에 점수판을 놓고 각자 토끼 말을 정한다. 토끼 말은 점수판 '0' 위에 모두 올려놓는다.

❷ 자신의 토끼 말 색깔과 같은 색깔의 숫자토큰을 가진다. 숫자토큰은 4인 플레이 경우 1~4번까지 사용하고 나머지는 치워둔다.

❸ 카드를 잘 섞어 6장씩 나눠 갖는다.

❹ 남은 카드는 뒷면이 보이도록 더미를 만들어 점수판 옆에 둔다.

step 2 게임을 시작해요

카드의 이미지를 재밌게 표현해봐. 노래 제목, 영화, 단어, 속담과 연관 지어도 좋고 춤을 추거나 노래를 불러도 돼!

❶ 시작플레이어를 정하고 왼쪽으로 돌아가며 이야기꾼이 되어본다. 이야기꾼은 6장의 카드 중 1장을 골라 보이지 않게 내려놓고 카드의 이미지를 설명한다.

이 카드를 보니깐 헨젤과 그레텔의 한 장면이 떠올라!

❷ 플레이어들은 이야기꾼의 이야기를 잘 듣고, 자신의 카드 가운데 이야기꾼의 설명과 가장 어울리는 카드 1장을 골라 보이지 않게 내려놓는다.

왼쪽에서부터 1, 2, 3, 4번이야

❸ 이야기꾼은 바닥에 내려진 카드를 모아 섞은 뒤 그림이 보이게 펼치고 자신의 숫자토큰으로 각 카드에 번호를 매긴다.

내 카드는 무엇일까? 비밀 투표하세요.

❹ 나머지 사람들은 그림을 잘 살펴보고 자신의 숫자토큰 중에 이야기꾼의 카드라고 생각하는 그림카드와 일치하는 숫자토큰을 보이지 않게 내려놓는다.

분홍 토끼와 초록 토끼는 1번이라고 생각하고, 파랑 토끼는 3번이라고 생각하네.

❺ 이야기꾼은 플레이어들이 내린 숫자토큰을 공개한 뒤, 바닥에 펼쳐놓은 카드 번호와 일치하는 그림 밑에 토큰을 놓는다.

step 3 점수를 계산해요

정답은 1번!
분홍 토끼와 초록 토끼가 맞췄네!

보너스 카드의 주인은 분홍 토끼야!

분홍 토끼는 정답도 맞추고,
보너스도 얻었어!

❶ 이야기꾼은 정답을 공개하고 이유를 말한다. 이야기꾼(빨강)과 정답을 맞힌 사람(분홍, 초록)은 각각 3점씩 획득한다.

❷ 보너스 점수 계산 : 파랑 토끼는 3번 카드가 정답인 줄 알고 투표를 했기 때문에 3번 카드의 주인은 토큰을 받은 개수만큼 보너스를 받는다.

❸ 라운드마다 각자 얻은 점수만큼 말을 이동시킨다. (분홍: 정답 3점 + 보너스 1점, 초록/빨강: 정답 각 3점, 파랑: 오답 0점)

step 4 게임을 끝내요

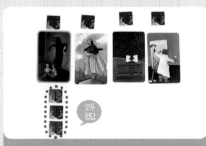

너무 쉽거나, 너무 어렵게 설명해선 안 돼!
알쏭달쏭하게 이야기해야 해.

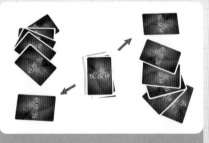

왼쪽 사람, 이야기 시작!

파랑 토끼 1등, 빨강 토끼 2등,
초록 토끼 3등, 분홍 토끼 4등

❹ 만약 모두가 맞히거나 아무도 맞히지 못하면, 이야기꾼은 점수를 얻지 못하고 나머지 사람들은 모두 2점씩 획득한다. 이때 보너스 점수는 계산하지 않는다.

❺ 공개된 카드는 점수판 가운데에 넣고, 카드 더미에서 1장을 가져와 손에 든 카드를 6장으로 만든다. 왼쪽 사람이 이야기꾼이 되어 위와 같은 방법으로 진행한다.

카드 더미가 떨어지면 게임이 종료되고 가장 멀리 이동한 순서대로 순위가 결정된다.

4 ✕✕✕ | 사후게임 : 2인용 딕싯

step 1 게임을 준비해요

step 2 게임을 시작해요

엄마랑 둘이서 한판!

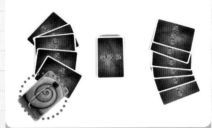

이번 이야기의 주제는
'탈출'

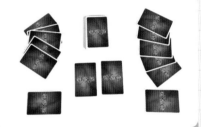

더미카드 2장을 섞어 속임수 카드를
만들자!

본게임과 같은 방법으로 준비를 하되,
숫자토큰은 사용하지 않는다.

❶ 한 사람이 먼저 이야기꾼이 되어 6
장의 카드 중 1장을 뒤집어 내려놓
고 이미지를 표현한다.

❷ 상대방은 이야기꾼의 이야기와 가
장 비슷한 카드를 1장 골라 뒤집어
놓는다. 이야기꾼은 내려진 카드 2
장과 더미에서 2장을 가져와 카드
를 섞어서 중앙에 보이게 펼친다.

"하나, 둘, 셋!" 하면 손가락으로 가리키기

파랑 토끼의 승리!

❸ 구호를 외치는 동시에 상대방이 낸 카드라고 생각하는
곳을 손가락으로 가리킨다(이야기꾼은 상대방의 카드를,
상대방은 이야기꾼의 카드를 찾는다).

❹ 서로의 카드를 잘 찾았다면 각각 4점을 받는다. 둘 중에
한 사람만 카드 찾기에 성공했다면 정답을 맞힌 사람만
2점을 받는다. 카드 더미가 떨어질 때까지 진행을 하고
멀리 이동한 사람이 승리한다.

5 ✕✕ | **사후활동 :** 딕싯 작품 전시회

☞ 동시나 동화로 표현해보고 가족만의 갤러리를 꾸며볼 수 있다.

"예쁜 딕싯 그림에 '동시' 를 적어 우리 가족만의 갤러리를 꾸며보아요."

준비물

확대 복사한 딕싯 그림, 필기도구, 수수깡, 끈

난 허수아비 카드가 맘에 들어!

제목: 허수아비

활짝 웃는 허수아비야! 하루 종일 서 있느라 다리 아프지? 내가 너의 친구가 되어줄게.

❶ 동시나 동화로 표현하고 싶은 그림 카드를 1장 고른다.

❷ 그림을 A4 사이즈로 확대, 복사한다. 동시나 동화를 짓고 연습해본 다음 옮겨 적는다.

❸ 미술재료를 이용해 액자처럼 꾸민다. 여러 개를 만들어 가족만의 미니 전시회를 열어 감상한다. 그림 카드에 어울리는 제목을 만들고 벽면에 미술관처럼 꾸며본다.

러시아워

 인원 1명
시간 20분

구성물

문제카드 40장, 빨간색 주인공 차 1개,
트럭(3칸) 4개, 자동차(2칸) 11개,
게임판, 휴대용 주머니

이런 것을 배울 수 있어요

◇ 관찰력과 집중력을 키울 수 있어요.
◇ 전략적 사고를 할 수 있어요.

| 이런 활동을 해요 |

놀이명	본게임	사후게임 1	사후게임 2
	미션 임파서블	불법 주차 금지	자동차 고누
놀이목적	주인공 차 탈출하기	자동차 획득하기	

본게임 : 미션 임파서블

☞ 주인공 차를 탈출시키기 위해 주변 차량을 전략적으로 움직일 수 있다.

"꽉 막힌 도로에서 주인공의 차를 빼야 해요. 어떻게 움직일까요?"

준비물

문제카드 40장, 빨간색 주인공 차 1개, 트럭(3칸) 4개, 자동차(2칸) 11개, 게임판

카드를 자세히 살펴보렴.

주인공 차를 빼려면 어떻게 해야 할까?

게임 종료~

❶ 문제카드를 선택하고 카드에 그려진 대로 자동차를 배치한다(문제카드는 난이도에 맞게 선택한다).

❷ 빨간색 주인공 차를 출구로 빼내기 위해 주변의 자동차를 움직인다. 차는 전진과 후진만 가능하다.

❸ 빨간색 주인공 차가 출구로 빠져나가면 게임은 종료된다.

2 ⬚ 사후게임 1: 불법 주차 금지

☞ 규칙을 이해하고 규칙에 맞게 자동차를 획득할 수 있다.

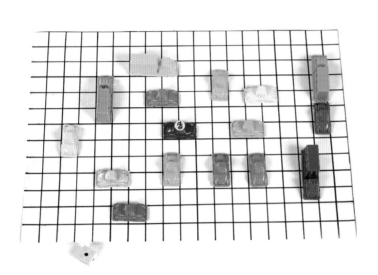

"불법 주차차량이 너무 많아요. 견인차를 출동시켜 문제를 해결해요."

준비물

빨간색 주인공 차 1개, 트럭(3칸) 4개, 자동차(2칸) 11개, 도화지, 자, 싸인펜, 1~3 주사위, 스티커

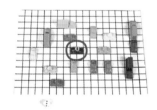

빨강 주인공 차를 견인차라고 부르자~

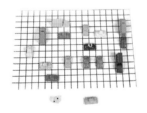

난 전진~~!

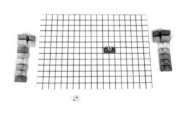

누구 자동차가 더 많니?

❶ 도화지에 자동차 크기에 맞는 격자무늬를 그린다. 자동차를 적절하게 배치해놓는다. 빨강 견인차를 중앙에 놓고, 1~3 주사위를 준비한다.

❷ 견인차의 방향을 정하고 주사위를 굴려 나온 숫자만큼 빨간색 주인공차를 전진시킨다. 견인 차량이 다른 차를 만나면 차량을 획득하고 다음 사람에게 순서를 넘긴다.

❸ 게임판 위에 차량이 없어지면 게임은 종료되고 획득한 자동차가 많은 사람이 승리한다.

Tip 1~3 주사위가 없을 때는 스티커를 이용해 만든다.

사후게임 2 : 자동차 고누

☞ 규칙을 이해하고 규칙에 맞게 자동차를 획득할 수 있다.

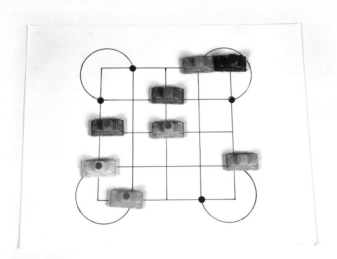

"빙글빙글 자동차를 획득해요."

준비물

자동차(2칸) 8개, 빨강 스티커 8개, 파랑 스티커 4개, 도화지, 자, 컴퍼스

step 1 게임을 준비해요

무슨 모양이지? 자동차를 닮아 자동차 고누라고 부른단다.

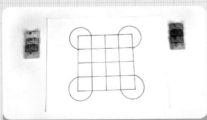

파랑 스티커는 자동차 위에!

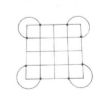

빨강 스티커는 고누판에!

❶ 자동차 크기에 맞게 4×4 정사각형을 그린다. 각 모서리에 바퀴 모양의 원형을 그린다.

❷ 파랑 스티커 4개를 자동차 위에 붙여 구분을 한다.

❸ 빨강 스티커 8개는 자동차 바퀴 시작 위치에 붙인다.

step 2 게임을 시작해요

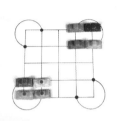

자동차 배치 완료~

❶ 자동차 고누판을 준비하고 위와 같이 자동차를 배치한다.

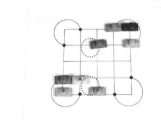

1칸씩 이동!

❷ 자동차를 1칸씩 이동시킨다. 이때 상하좌우만 가능하며 대각선 이동은 안 된다.

선을 따라 직진~

❸ 이동시킨 자동차가 바퀴 시작 부분에 닿으면 자동차가 나타날 때까지 선을 따라 계속 직진할 수 있다. 자기 자동차가 나오면 바로 멈춘다.

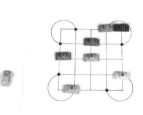

이 자동차 내 거!

❹ 상대방의 자동차가 나타나면 그 자동차를 획득한 후 그 자리에 내 자동차를 둔다.

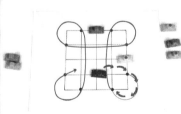

원하는 곳에 멈추자.

❺ 바퀴 부분에 닿은 자동차가 계속 돌아도 자동차가 나타나지 않으면 원하는 곳에 멈춘다.

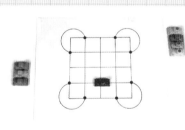

내 자동차가 마지막에 남았어.

❻ 마지막에 남게 된 자동차 주인이 승자가 되며 게임은 종료된다.

Tip 자동차 고누에서 상대방의 말을 획득하려면 반드시 자동차 바퀴를 돌아야 획득할 수 있다.

로보 77

인원 2~8명
시간 30분

구성물

생명칩 24개, 카드 56장

이런 것을 배울 수 있어요

◇ 수 연산 능력을 향상시킬 수 있어요.
◇ 전략적 사고를 할 수 있어요.
◇ 창의력을 키울 수 있어요.

| 이런 활동을 해요 |

놀이명	사전활동	사전게임	본게임	사후게임
	what is 배수	play 배수	77은 안 돼	절대능력자
놀이목적	배수를 알아보기	배수를 찾아보기	덧셈, 뺄셈하기	특수카드 만들어보기

1 ✕✕✕ | 사전활동 : What is 배수
☞ 배수를 알고 카드를 찾을 수 있다.

"배수가 뭘까요? 배로 늘어나는 수는 어떤 것이 있을까요?"

준비물

카드(특수카드 제외), 바둑알 20개

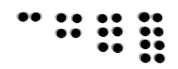

2의 배수를 만들어보자.

2, 4, 6 ,8, 10은 2의 배수!

이 숫자들은 다 11의 배수!

❶ 배수의 의미를 알아보자. 바둑알은 2개 묶음, 4개 묶음, 6개 묶음, 8개 묶음씩 나열한다.

❷ 수카드를 4x4로 나열하고 2의 배수를 찾아본다.

❸ 1에서 76까지의 수카드에서 11의 배수를 찾아서 나열해보자.

147

2 ✳ 사전게임 : Play 배수

☞ 배수를 빨리 찾아 종을 칠 수 있다.

"카드에서 배수카드를 찾아보아요."

준비물

카드(특수카드 제외), 종 1개

| 각자 15장씩~ | 6은 3의 배수! | 8은 2의 배수! | 카드가 다 떨어졌어. |

❶ 카드를 15장씩 나눠 갖는다. 수카드를 뒤집어 자기 앞에 놓고, 순서를 정한다.

❷ 카드를 번갈아가면서 뒤집는다. 카드를 펼쳤을 때 두 수가 배수 관계라면 종을 치고 카드를 획득한다. 획득한 카드는 자신의 카드 아래에 내려놓는다.

❸ 배수가 아닌 카드를 보고 종을 울렸다면 펼쳐진 카드를 모아 종 아래에 두고 다음에 종을 울린 사람이 모두 가져간다.

❹ 누구든 카드가 다 떨어지면 게임은 종료되고 카드를 많이 획득한 사람이 승리한다.

3 ✖️ 본게임 : 77은 안 돼

☞ 더하기, 빼기를 하며 특수카드를 전략적으로 사용할 수 있다.

"더하기, 빼기를 하다가 수의 합이 배수가 되면 생명칩을 잃어요."

준비물

카드 56장, 생명칩 6개

step 1 게임을 준비해요(2인 예시)

❶ 카드를 5장씩, 생명칩을 3개씩 나눠갖는다.
❷ 남은 카드는 더미를 만들어 중앙에 둔다.

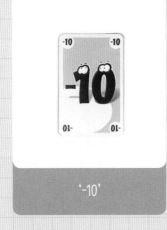

'-10'

'0'

'×2'

'바꾸기'

앞 사람이 말한 수에 10을 뺀다.

앞 사람이 말한 수에 0을 더한다.

다음 차례의 사람은 카드 2장을 낸다.

게임 진행 방향을 바꾼다.

Tip 특수카드는 한 번에 2장을 낼 수 없다.

step 2 게임을 시작해요

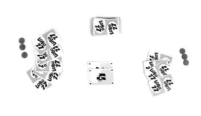

내 손에는 항상 5장.

2 더하기 4는 6!

33은 11의 배수

❶ 카드를 바닥에 내려놓으며 수를 말하고 더미에서 카드 1장을 보충하고 순서를 넘긴다.

❷ 앞 사람 수의 합에서 내가 내려놓는 카드 숫자를 더하며 말한다.

❸ 수의 합이 11의 배수가 되었을 때 생명칩을 잃는다.

계산을 잘못했네?

77이 넘었어.

기회가 한 번 더 있지요.

❹ 계산이 틀렸을 때 생명칩을 잃는다.

❺ 수의 합이 77을 넘었을 때 생명칩을 잃는다.

❻ 한 사람이 3개의 생명칩을 모두 잃고 한 번 더 지면 게임은 종료된다.

4 ✖ 사후게임 : 절대능력자

☞ 특수카드를 만들어 전략적으로 사용할 수 있다.

"강력하고 다양한 능력들을 상상하고 특수카드를 만들어 게임을 즐겨보아요."

준비물

도화지, 색연필, 카드 56장, 생명칩 24개

step 1 특수카드를 만들어요

어떤 기능이 필요할까?

생명칩 1개 회복!

특수능력을 구체적으로 적어보자.

❶ 도화지로 만든 빈 카드를 준비하고 특수기능을 생각해본다.

❷ 특수기능을 빈 카드에 맞게 그린다.

❸ 카드 아래 부분에는 특수능력을 적는다.

step 2 게임을 시작해요

생명칩은 각자 3개!

위험해지면 내가 만든 특수카드를
내볼까?

다른 사람이 만든 특수카드를
써볼 수 있는 기회가 있네.

❶ 내가 만든 특수카드 1장과 본게임
카드 4장을 받는다. 생명칩 3개를
받고 나머지 카드는 더미를 만든다.

❷ 본게임 룰과 같다. 단, 내가 만든
특수카드는 한 번만 사용한다.

❸ 2번째 게임 진행 시 직접 만든 특
수카드만 골고루 섞어서 나누어주
고 본게임과 같이 진행한다.

마라케시

인원 2~4명
시간 20분

구성물

게임판(광장), 양탄자 60장(4색, 각 15장), 1디르함/5디르함 각 20개, 아쌈, 주사위

이런 것을 배울 수 있어요

◇ 경제활동을 경험할 수 있어요.
◇ 다른 나라의 문화를 알 수 있어요.
◇ 전략적 사고를 할 수 있어요.

| 이런 활동을 해요 |

놀이명	사전게임	본게임	사후게임	사후활동
	부자 되세요	최고의 양탄자 상인은?	공동구역 만들기	양탄자의 달인
놀이목적	디르함(동전) 모으기	양탄자 펼치기	보너스 양탄자 만들기	양탄자 만들기

1 ✕✕ | 사전게임 : 부자 되세요

☞ 아쌈을 이동시켜 동전을 모을 수 있다.

"모로코의 화폐 단위인 디르함은 '한 움큼'이란 뜻의 고대 그리스어에서 유래되었어요. 디르함을 많이 모아보아요."

준비물

게임판(광장), 디르함, 주사위, 아쌈

아쌈을 게임판 중앙에~

아쌈은 골목길을 돌 때도 앞만 보고 돌아야 해.

다르함 몇 개?

❶ 게임판의 칸마다 1개의 디르함을 무작위로 올려놓고 아쌈을 게임판 중앙에 놓는다.

❷ 아쌈의 방향을 먼저 정하고 주사위를 던진다. 주사위에 나온 수만큼 이동하여 멈춘 칸의 디르함 1개를 가진다.

❸ 디르함을 많이 모은 사람이 이긴다.

Tip 모은 디르함으로 본게임 '최고의 양탄자 상인은'을 하여도 좋다.

2 ✕✕✕ | 본게임 : 최고의 양탄자 상인은?

☞ 내 영역을 넓히고 디르함을 획득할 수 있다.

"모로코의 작은 도시인 마라케시에는 알록달록 예쁜 양탄자가 유명해요. 양탄자를 넓게 펼쳐서 최고의 상인이 되어보아요."

준비물

게임판(광장), 양탄자 48장 (4색, 각 12장), 1디르함 10개, 5디르함 10개, 아쌈, 주사위

 step 1 게임을 준비해요(2인 예시)

❶ 아쌈을 게임판의 중앙에 놓는다.

❷ 2인의 경우 각자 2가지 색의 양탄자 24장을 갖는다.(3인 게임: 한 가지 색 15장, 4인 게임: 한 가지 색 12장)

❸ 1디르함 5개, 5디르함 5개, 총 30디르함을 갖는다.(3, 4인 게임도 동일)

step 2 게임을 시작해요

아쌈은 직진만 해.

① 아쌈의 방향을 먼저 정한다(이때 아쌈은 앞과 양 옆으로 돌릴 수 있지만, 뒤로 돌릴 수는 없다).

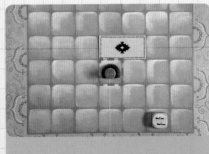

양탄자는 반드시 한 변이 닿도록 깔아야 해.

② 주사위를 굴려 나온 수만큼 이동하여 아쌈이 멈춘 칸의 한 변이 닿도록 자신의 양탄자를 1장 깐다.

나의 빨간 양탄자 위에 멈추었네.
7디르함 주세요!

③ 상대편의 양탄자 위에 멈추었다면 상대의 양탄자가 연결된 칸 수만큼 디르함을 지불하고 자신의 양탄자를 깐다.

※ 양탄자 놓는 방법

X   O

내 양탄자 1장이 상대의 양탄자 1장을 완전히 덮을 수 없다(단, 2장에 반씩 덮을 수는 있다).

step 3 게임을 끝내요

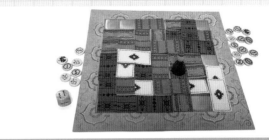

위에 보이는 양탄자 1칸당 1점이에요.

자신이 가진 디르함(1디르함=1점)과 보드판 위에 보이는 자신의 양탄자 1칸당 1점을 더하여 합계가 높은 사람이 승리한다. 합한 수가 같다면 디르함이 많은 사람이 이긴다.

"누구나 편하게 다닐 수 있는 땅을 만들어요."

준비물

주사위, 아쌈, 각 색깔의 양탄자, 흰색 천 또는 종이

흰색 천이나 종이로 같은 크기의 양탄자 10장을 만들자.

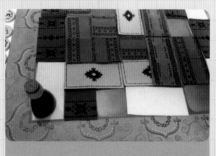

공동구역은 누구나 무료!

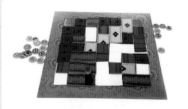

점수 계산을 해보자.

❶ 각자 2가지 색의 양탄자 20장과 공동구역(흰색) 양탄자 5장, 그리고 30디르함을 갖는다.

❷ 기본규칙은 본게임과 동일하다. 단, 자기 색깔의 양탄자를 15장 이상 깔았을 때 자기 차례에 흰색의 양탄자 또는 자기 색깔의 양탄자 중에 선택하여 깔 수 있다.

❸ 점수 계산 시 공동구역은 점수에 포함되지 않는다.

158

 **사후활동 : 양탄자의 달인**

☞ 패턴을 사용해 양탄자를 만들며 미적 감각을 키울 수 있다.

"알록달록 예쁜 양탄자를
만들어요."

준비물

3~4가지 색깔 종이

위와 아래는 자르면 안 돼.

정해진 규칙이 있어?
패턴이 어때?

멋진 양탄자 완성^^

❶ 기본 바탕이 될 1장의 종이(1) 끝
부분은 자르지 않도록 선을 그어두
고 일정 간격으로 세로로 자른다.
다른 색깔의 종이(2)는 종이(1)의
가로 길이와 같도록 일정한 폭으로
자른다.

❷ 기본 종이(1)에 가로로 길게 자른
종이(2)를 1장씩 끼운다. 처음 종
이(2)를 앞에서 뒤로 끼웠다면 다
음 종이(2)는 뒤에서 앞으로 끼워
나간다.

❸ 종이(1)에 자른 부분을 모두 채우
면 양탄자가 완성된다.

만칼라

 인원 2명
시간 15분

구성물

게임판, 48개의 구슬

이런 것을 배울 수 있어요

◇ 주어진 규칙을 이해할 수 있어요.
◇ 다양한 경우의 수를 찾을 수 있어요.
◇ 전략적 사고를 할 수 있어요.

| 이런 활동을 해요 |

놀이명	사전게임	본게임	사후게임
	주사위 만칼라	누가 많이 담을까?	구구단 빙고게임
놀이목적	주사위를 사용한 게임 규칙의 이해	전략을 사용해 게임하기	만칼라를 사용한 배수의 이해

1 ✕✕✕ 사전게임 : 주사위 만칼라

☞ 주사위를 사용하여 만칼라의 규칙을 익힐 수 있다.

"오늘은 운이 좋은 날일 까? 데굴데굴 주사위를 굴려 게임을 해봐요. 나에 게 필요한 수야. 나와라 얍!"

준비물

1~6 주사위, 게임판, 48개 의 구슬

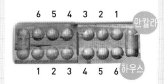

왼쪽부터 1번이라고 하자. 내 하우 스는 1번부터 6번까지 있지?

4개씩!

주사위에 '4'가 나왔네. 4번째 하우스의 구슬을 옮겨보자.

내 구슬은 몇 개?

❶ 12개의 동그란 홈을 하우 스라 부르고 양쪽 긴 타원 형의 홈을 만칼라라고 부 른다. 각자 앞쪽에 있는 하 우스와 오른쪽에 있는 만 칼라가 자신의 영역이다. 하우스에 임의의 번호를 정한다.

❷ 하우스에 구슬을 4개씩 넣 고 순서를 정한다.

❸ 주사위를 굴려 나온 수의 하우스에 있는 구슬을 꺼 내 하나씩 오른쪽으로 옮 긴다. 이때 구슬이 많아 한 바퀴를 돌아오더라도 상 대방의 만칼라에는 넣지 않는다.

❹ 누구든 하우스의 구슬이 모두 없어지면 게임이 종 료되고, 만칼라에 구슬이 많은 사람이 승리한다.

2 ✖ | 본게임 : 누가 많이 담을까?

☞ 다양한 경우의 수를 생각하며 전략적으로 게임을 할 수 있다.

"만칼라는 고대 이집트에 서 시작되어 아프리카 전 역에서 전통놀이로 즐기 고 있는 게임이에요. 반짝 반짝 구슬 모으기에 도전 해볼까요?"

준비물

게임판, 48개의 구슬

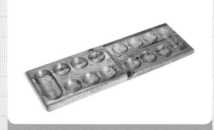

이쪽은 내 하우스~

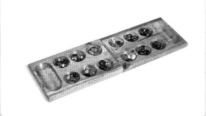

구슬을 4개씩!

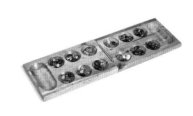

어떤 하우스의 구슬을 옮길까?

❶ 각자 자신의 하우스를 정한다. 작은 홈은 '하우스', 긴 홈은 '만칼라' 라고 한다.

❷ 하우스에 구슬을 4개씩 넣고 순서 를 정한다.

❸ 내 하우스 중 하나를 선택하고 모 든 구슬을 꺼내 오른쪽 방향으로 하나씩 넣는다.

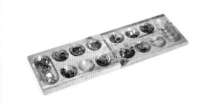

한 번 더!

❹ 마지막 구슬이 만칼라에 들어가면 내 순서를 한 번 더 진행한다.

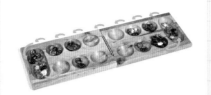

구슬이 많으니 한 바퀴 돌아서 다시 내 하우스로 오네.

❺ 마지막 구슬이 비어 있는 내 하우스에 들어가면 맞은편 상대방 하우스의 구슬을 모두 내 만칼라로 옮긴다.

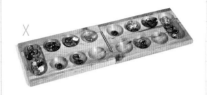

내 마지막 구슬이 비어 있는 하우스에 도착했어.

❻ 내 하우스에 구슬이 많이 모여 한 바퀴를 돌아 다시 내 하우스로 올 때 상대방의 만칼라에는 넣지 않는다.

와! 구슬을 가져가자!

❼ 구슬이 한 바퀴 돌아 내 하우스의 빈칸으로 오면 맞은편 상대방의 구슬을 내 만칼라로 옮긴다.

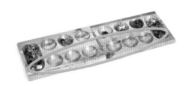

구슬이 다 없어졌어.

❽ 한쪽 하우스에 구슬이 다 없어지면 게임이 끝나고 남아 있는 하우스의 구슬은 자신의 만칼라로 넣는다.

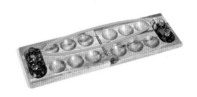

남은 구슬을 자신의 만칼라로 옮기자.

❾ 만칼라에 구슬이 많은 사람이 승리한다. 구슬을 세어보아도 좋고 하우스에 4개씩 담아 남은 구슬을 비교해볼 수도 있다.

3

사후게임 : 구구단 빙고게임

☞ 구슬을 같은 개수로 반복해서 넣으며 배수와 구구단의 원리를 알 수 있다.

"구구단을 외자. 구구단을 외자. 만칼라를 이용해 구구단 놀이를 해봐요."

준비물

게임판, 48개의 구슬, 주사위 2개(숫자 2, 3, 4 각각 2개씩)

구슬을 2개씩 6번 놓으면 몇 개일까? 12개

24개씩!

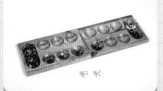

3과 4가 나왔네. 구슬을 3개씩 4번 놓아보자.

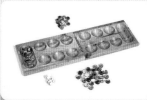

구슬을 다 썼어.

❶ 만칼라에 구슬을 2개씩 넣어 2개씩 늘어나는 수를 말해본다. 3, 4, 5 등의 수를 동일하게 넣고 말해본다.

❷ 각자 자신의 만칼라에 24개의 구슬을 담고 순서를 정한다.

❸ 내 순서에 주사위를 굴려 나온 두 수를 보고 만칼라에서 구슬을 꺼내어 하우스에 놓아 두 수의 곱을 확인한다. 확인을 마치면 구슬을 꺼내 자기 앞에 놓는다.

❹ 만칼라의 구슬을 먼저 다 사용한 사람이 승리한다.

우봉고

👤 인원 2~4명
🧍 시간 30분

구성물

12개 퍼즐조각 4세트, 퍼즐판 36개,
주사위 1개, 모래시계 1개, 주머니,
라운드판, 보석 58개(파랑 19개,
갈색 19개, 빨강 10개, 초록 10개)

이런 것을 배울 수 있어요

◇ 공간지각능력을 키울 수 있어요.
◇ 문제해결력을 키우고 전략적 사고를
  할 수 있어요.

| 이런 활동을 해요 |

놀이명	사전활동	본게임	사후게임
	조각 맞추기	우봉고를 외쳐요	내가 만든 우봉고 퍼즐판
놀이목적	퍼즐조각 구성하기	퍼즐을 빨리 완성하여 보석 획득하기	퍼즐판을 직접 그려서 게임하기

1 ✕✕ 사전활동 : 조각 맞추기

☞ 정사각형으로 다양한 모양을 만들어볼 수 있다.

"정사각형이 여러 개 만나면 다양한 모양으로 변신할 수 있대요. 다각형 모양을 만들고 정사각형이 몇 개 사용되었는지 수수께끼도 내어보아요."

준비물

색종이, 가위

색종이 1장으로 작은 정사각형 16장을 만들어보자.

정사각형 5조각으로 어떤 모양을 만들 수 있을까?

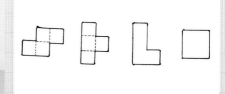

정사각형이 몇 개가 숨어 있을까?

❶ 색종이 1장을 16등분하여 여러 장 만든다.

Tip 정사각형 블록이나 교구로 대체가 가능하다.

❷ 우봉고 퍼즐조각 12개를 관찰하고 색종이로 모양을 만들어본다. 색종이 정사각형 여러 장으로 다양한 도형을 만들어본다.

❸ 우봉고 퍼즐조각 4개를 골라 종이에 대고 테두리만 따라 그린다. 종이를 서로 바꿔 정사각형이 몇 개로 이루어졌는지 선을 그어본다.

2 ✕✕✕ | 본게임 : 우봉고를 외쳐요 (2016년 개정판)

☞ 퍼즐판을 빨리 완성하여 같은 색깔 보석을 많이 모을 수 있다.

"스와힐리어로 '우봉고'는 '두뇌'라는 뜻이에요. 우봉고 게임으로 신나는 두뇌 운동을 해볼까요?"

준비물

12개 퍼즐조각 4세트, 퍼즐판 36개, 주사위 1개, 모래시계 1개, 주머니, 라운드판, 보석 58개(파랑 19개, 갈색 19개, 빨강 10개, 초록 10개)

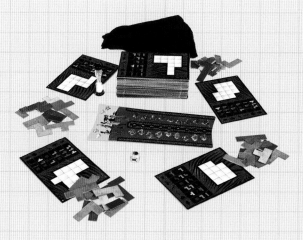

step 1 게임을 준비해요(4인 예시)

❶ 라운드판을 중앙에 놓고 파란색 9개, 갈색 9개를 채운다.

❷ 나머지 보석은 주머니에 넣어둔다.

❸ 퍼즐판은 쉬운 면과 어려운 면 중 선택한 뒤 하나씩 나눠 갖고 나머지는 더미로 만들어놓는다. (쉬운 면: 퍼즐조각 3개 모양, 어려운 면: 퍼즐조각 4개 모양)

❹ 각자 타일 1세트(12조각)를 갖는다.

❻ 모래시계와 주사위를 중앙에 두고 시작플레이어를 정한다.

주사위 문양에 해당하는
조각 3개를 빨리 찾아!

❶ 시작플레이어는 주사위를 굴리고
모래시계를 뒤집어놓는다. 주사위
문양을 확인하고 해당 퍼즐조각을
찾는다.

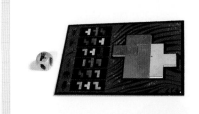

"우봉고!!"

❷ 찾은 조각으로 퍼즐판을 빈칸 없이
채운다.(조각 뒤집기, 돌리기 가능)
퍼즐판을 완성했다면 "우봉고"라
고 외친다.

주머니에는 빨간색, 초록색 보석이
들어 있어!

❸ 시간 내에 퍼즐을 완성한 사람만
아래 방법으로 보석을 획득한다.
(1등: 파랑 1개 + 주머니 보석 1개
뽑기, 2등: 갈색 1개 + 주머니 보석
1개 뽑기, 3등/4등: 주머니 보석
1개 뽑기)

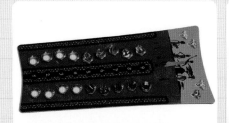

라운드가 끝날 때마다 한 줄씩
보석이 없어지네!

❹ 시간 내에 한 사람만 퍼즐을 완성
했다면 파랑 보석은 가져가고 남은
갈색 보석은 주머니에 넣는다. 매
라운드가 끝나면 보석이 한 줄씩
사라진다.

새로운 퍼즐판으로 다시 시작!

❺ 더미에서 새 퍼즐판을 하나씩 가져
온다. 다음 사람이 주사위를 굴리
고 모래시계를 뒤집어 게임을 반복
한다.

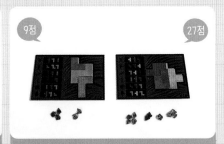

3+6=9점
12+8+1+6=27점

❻ 총 9라운드를 진행하고 자신이 획
득한 보석의 점수가 가장 높은 사
람이 승리한다.(색깔별 점수 : 빨강
4점, 파랑 3점, 초록 2점, 갈색 1점)

3 ※※

사후활동 : 내가 만든 우봉고 퍼즐판
☞ 퍼즐모양을 이용해 문제를 직접 만들어보면서 문제해결력과 창의성을 키울 수 있다.

"나도 보드게임 개발자! 내가 그린 퍼즐판으로 우봉고 게임을 해보면 어떤 재미가 있을까요? 3조각 퍼즐판을 만들까? 4조각 퍼즐판을 만들까?"

준비물

A4용지 또는 스케치북, 연필, 색연필, 퍼즐조각 2세트

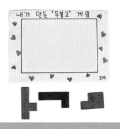

내가 만든 우봉고 퍼즐판 어때?

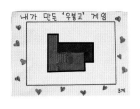

3개로 쉬운 퍼즐판을 만들어줄게!

서로 게임판을 바꿔서 해보자.

❶ A4용지를 반으로 잘라 퍼즐판을 올려 놓고 사각형을 그린다. 12개 퍼즐조각 중 3개(4개)를 고른다.

❷ 사각형 안에 퍼즐조각 3개(4개)를 맞춰 가장자리를 따라 선을 그린다. 각자 여러 장을 만든다.

❸ 직접 만든 퍼즐판을 바꿔서 누가 빨리 퍼즐판을 완성하는지 게임을 해본다. 본게임 퍼즐판에 추가하여 주사위 굴리기 없이 게임을 해본다.

연령 **8+**

젝스님트

 인원 2~10명
시간 20분

구성물

카드 104장

이런 것을 배울 수 있어요

❖ 수의 오름차순을 알 수 있어요.
❖ 배수의 의미를 알 수 있어요.
❖ 더하기, 빼기를 할 수 있어요.
❖ 판단력, 논리적 사고력을 키울 수 있어요.

| 이런 활동을 해요 |

놀이명	사전게임	본게임	사후게임	사후활동
	오름차순의 달인	6번째는 안 돼요	오르락 내리락 카드 버리기	암산의 신
놀이목적	오름차순 이해하기	전략적으로 카드 내려놓기	초과, 미만 이해하기	덧셈, 뺄셈 암산하기

1 ✕✕✕ | 사전게임 : 오름차순의 달인

☞ 수의 오름차순(내림차순)으로 카드를 빠리 나열할 수 있다.

"수가 점점 커지면 오름차순, 수가 점점 작아지면 내림차순~~ 오름차순으로 카드 빨리 나열하기를 해볼까요?"

준비물

카드 104장

6장씩 5더미를 만들자!

준비, 시작! 오른쪽으로 점점 커지게 줄 세우기

5번 중에 4번을 이겼어!

❶ 카드를 살펴보고 색깔별로 어떤 규칙이 있는지 이야기해본다. 빨간 카드(11의 배수카드) 5장을 따로 빼서 점수 카드로 사용하고, 나머지 카드는 골고루 섞은 뒤 각자 6장씩 5더미를 만들어 나란히 둔다.

❷ 시작 신호와 함께 첫 번째 더미의 카드 6장을 펼쳐 오름차순으로 빠리 배열한다. 먼저 배열한 사람이 빨간 점수카드 더미에서 1장을 갖는다.

❸ 사용한 카드는 거두어 옆에 두고 2번째 더미를 펼쳐 게임을 반복한다. 총 5라운드를 진행하고 획득한 카드의 소머리 합계가 높은 사람이 승리한다(내림차순으로도 게임을 해본다).

171

2 ✖ | 본게임 : 6번째는 안 돼요

☞ 전략적으로 카드를 내려놓을 수 있다.

"6번째에 카드를 내려놓게 되면 '소머리' 벌점을 받는 아슬아슬한 게임이에요."

준비물

카드 104장

step 1 게임을 준비해요(3인 예시)

❶ 카드를 골고루 섞어서 10장씩 나눠 갖고 손에 든다.

❷ 남은 카드 중 4장을 기준카드로 펼쳐놓고 나머지는 상자 안에 넣어둔다.

Tip 전략적인 게임을 위해 인원수에 따라 사용할 카드를 미리 정할 수 있다.(3인: 1~34번까지 사용/ 4인: 1~44번까지 사용/ 5인: 1~54번까지 사용/ 6인: 1~64번까지 사용)

172

step 2 동시에 게임을 진행해요

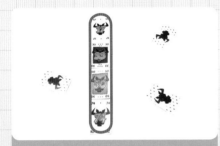

4장은 기준카드야!

❶ 각자 손에 있는 카드 가운데 1장을 뒷면이 보이게 자기 앞에 내려놓는다.

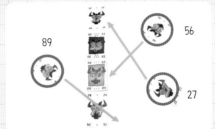

'27'은 17 다음에, '56'은 '50' 다음에, '89'는 '74' 다음에 놓기!

❷ 내린 카드를 동시에 공개한다. 가장 낮은 숫자카드를 내린 사람부터 오름차순으로 연결한다.

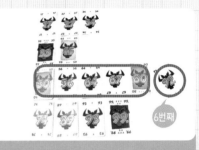

안 돼~ 내 카드가 6번째에 놓이게 됐어.

❸ 만약 내 카드가 어느 줄이든 6번째로 놓이게 되면 그 줄의 5장의 카드는 벌점으로 가져가고 내가 낸 카드가 기준카드가 된다.

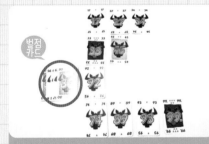

벌점카드는 따로 두어야 해.

❹ 벌점을 가져오면 자신 옆에 따로 모아두고 손에 든 카드와 합쳐지지 않도록 한다.

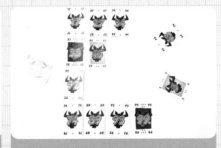

어떤 줄을 벌점카드로 가져갈까?

❺ 게임 도중 자신이 낸 카드를 오름차순으로 연결할 수 없다면 기준 줄 가운데 한 줄 모두를 벌점으로 가지고 자신이 낸 카드가 기준카드가 된다.

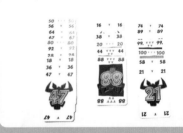

소머리 하나당 벌점 1점!

❻ 10라운드를 모두 진행한 다음 자신의 벌점카드의 소머리 개수를 세어 합이 적은 사람이 승리한다.

3 ✕✕✕ 사후게임 : 오르락 내리락 카드 버리기

☞ 수의 범위를 이해할 수 있다.

"카드를 이용해 오름차순, 내림차순 게임을 해보아 요. 특수카드만 있다면 내 맘대로 규칙을 바꿀 수도 있어요."

준비물

카드 104장

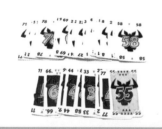

빨간 카드는 '오르락내리락' 카드!
노란 카드는 '나만 2장 버리기' 카드로 사용하자!

'97 내리락'
지금부터 97보다 점점 낮은 수 버리기

특수카드를 사용해서
이제부터는 '33 오르락'이야

❶ 하얀 카드 40장, 빨간 카드 8장, 노란 카드 1장을 준비한다. 빨간, 노란 카드를 특수 기능으로 정하고 규칙을 만들어본다.

❷ 카드를 모두 섞어서 10장씩 나눠준다. 남은 카드는 중앙에 더미를 만들어놓는다. 시작플레이어는 손에 든 카드 중 1장을 골라 숫자와 함께 '오르락, 내리락' 중 하나를 외치며 버린다(오르락-오름차순으로 이어버리기, 내리락-내림차순으로 이어버리기).

❸ 조건에 맞는 카드가 없을 때는 더미에서 1장을 가지고 있은 후 자신의 차례를 마치거나 특수카드가 있다면 사용할 수 있다. 손에 든 카드를 먼저 버린 사람이 승리한다.

4 ✖ 사후활동 : 암산의 신

☞ 카드 2장을 펼쳐 덧셈, 뺄셈을 암산으로 할 수 있다.

"두 수의 덧셈 또는 뺄셈을 암산으로 빨리 외쳐보아요."

준비물

1번~30번 카드

지금부터 덧셈 뺄셈 시합을 시작하겠습니다.

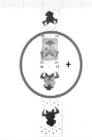

30+14=44

두구~두구~ 암산의 신은 누구?

❶ 1번부터 30번까지 카드를 준비한다. 카드를 섞어서 10장씩 나눠 갖고 나머지는 사용하지 않는다(연령에 맞게 수의 범위는 조절한다).

❷ 맨 위 장을 동시에 뒤집어서 숫자의 덧셈을 빨리 외친다. 먼저 정답을 외친 사람이 펼쳐진 카드를 갖고 옆에 따로 모아둔다.

❸ 같은 방법으로 10번을 진행하고 소머리 개수를 세어 많은 사람이 승리한다. 익숙해지면 104개의 카드를 모두 활용한다(뺄셈으로도 해본다).

아이와 즐겁게 놀면서
학습능력을 키워주는 완벽한 놀이방법

수없이 쏟아지는 교구, 장난감, 책들…. 우리 아이에게 모든 것을 사주고 싶지만 막상 사놓고 나서도 몇 번 이용하지 못하고 먼지가 쌓이게 놓아둔 경험이 한 번 쯤 있을 것입니다. '어떻게 하면 우리 아이가 흥미를 갖고 재밌게 집중하면서 놀면서 교육적인 측면에 다가갈 수 있을까' 고민하는 엄마들에게 보드게임을 추천하고 싶습니다. 보드게임은 남녀노소 가리지 않고 공간 제약 없이 어느 누구와도 쉽게 즐길 수 있는 아주 매력적인 소통의 도구입니다.

오늘날의 교육은 점차 변화되고 있습니다. 4차 산업혁명에 대비하여 미래의 인재를 키워내기 위해 '말하는 교육', '참여하는 교육'으로 수업방식이 바뀌고 있는 것이죠. 인류학자인 레비스트로스는 아프리카 원주민을 관찰하면서 미래의 바람직한 인재상으로 브리꼴레르(Bricoleur), 즉 '주어진 상황에서 활용 가능한 도구 및 지식과 노하우를 갖고 임기응변을 발휘해 위기상황을 탈출하는 사람'이라고 지칭했습니다. 이러한 관점에서 본다면 보드게임은 미래인재로 커나갈 수 있는 최고의 도구가 아닌가 싶습니다.

이 책은 4~5세, 6~7세, 8세 이상 추천 게임으로 파트를 나눴습니다. 하지만 아이가 어려워하지 않고 재미있어 한다면 나이 구분 없이 선택할 수 있습니다. 물론, '로보77'이나 '젝스님트'와 같이 수의 연산, 세 자리 수의 오름차순을 요하는 게임은 수 카드를 조절하여 아이의 흥미를 떨어뜨리지 않게 해야 합니다.

교육활동에는 사전활동, 사후게임, 본게임, 사후활동, 사후게임 등으로 구분하였는데요. 예를 들어 '치킨차차'라는 보드게임으로 '닭의 한살이'를 알아본다든지, 본게임 후에는 익숙해진 패턴에서 벗어나 달리기 타일을 뒤집어 난이도를 높이는 식입니다. 이러한 활동은 아이들의 흥미도를 높이고 다양한 사고를 할 수 있도록 도와줍니다. 또한, 엄마랑 보드게임을 통해 아이들은 그 안에서의 규칙을 알아가고 다양한 전략들을 상황에 따라 적용해볼 수 있습니다. 결국, 이와 같은 경험은 우리 아이들이 앞으로 학교에서, 사회에서 여럿과 함께 어울려 살아가는 데 큰 도움이 될 것입니다.

초판 1쇄 인쇄 2018년 9월 10일
초판 1쇄 발행 2018년 9월 20일

지은이 한발두발놀이터협동조합
펴낸이 연준혁

출판본부 이사 김은주
출판본부 분사장 한수미
책임편집 김소현
기획실 박경아   디자인 마망

펴낸곳 (주)위즈덤하우스 출판등록 2000년 5월 23일 제13-1071호
주소 경기도 고양시 일산동구 장항동 846번지 센트럴프라자 6층
전화 031)936-4000 팩스 031)903-3893 홈페이지 www.wisdomhouse.co.kr

값 15,000원 ⓒ한발두발놀이터협동조합, 2018
 ISBN 979-11-89125-43-1 13590

국립중앙도서관 출판시도서목록(CIP)

엄마표 두뇌발달 보드게임 / 지은이 : 한발두발놀이터협동조합.— 고양 : 위즈덤하우스 미디어그룹, 2018 p. ; cm	
ISBN 979-11-89125-43-1 13590 : ₩15000	
보드게임 [board game] 691-KDC6 793.73-DDC23	CIP2018028848